ナンコレ生物図鑑

The Illustrated Encyclopedia of "NANKORE" Creatures

あなたの隣にきっといる

佐々木 洋 著
スタジオ大四畳半 絵

旬報社

はじめに

毎年夏休みになると、家族で長野県軽井沢町の山麓で数日間を過ごした。父の知り合いが小さな別荘を持っていて、そこを使わせてくれたのである。幼いころから生き物好きであった私は、夜明けとともに寝床を飛び出し、ときには朝ごはんや昼ごはんの時間も忘れて、日が暮れるまでカブトムシを捕まえたり、カエルを追いかけたりしていた。

夜、枕元にその日捕まえた生き物が入ったプラスチックケースや虫かごを並べ、満ち足りた気分で床につく。すると、たいてい聞こえてくる不気味な音があった。まるで、真夜中の公園で、だれもいないのにひとりでに揺れ続けているブランコのような「キーン、キーン」という金属的な音である。飛び起きて、一階でまだテレビを見ている両親へ報告にいくが、二人には聞こえないらしく、まるでとりあってくれない。しかたなく二階へ戻り、隣で寝ている妹を起こそうとするが目も開けない。勇気を出して窓の外を眺めても、深い闇が広がっているだけ。その闇の奥のほうから、奇妙な音は響いてくるのである。
もしかしたら、森の中にひそかに空飛ぶ円盤が着陸し、音を出し続けているのかもしれない。ひょっとしたら、自分の耳がおかしいのかもしれない。そんなことを考えているうちに、いつの間にか眠りについてしまうのだった。
年月が経ち、だいぶ大人になった私は、あるとき泊りがけでバードウォッチングの集まりに出かけた。夜、星を見ようとみなで広場に出たとき、例の「キーン、キーン」という音が遠くの山から聞こえてきた。
「トラツグミの声だよ」
バードウォッチングの先生のひと言が、私の長年にわたる疑問を解決した。これは空飛ぶ円盤の音でも、耳鳴りでもなく、トラツグミという夜行性の野鳥の鳴き声だったのだ。
これはたまたま山の中での話であるが、私たちが暮らす町なかやそのまわりにも、ミステリアスな生き物はじつはたくさんいる。みなさんも身近な場所で、ふだんから「なんだこの形は?」とか「なんだこの動きは?」とか「なんだこの模様は?」と不思議に思っている生き物がいないだろうか?
私はそうした生き物のことを「ナンコレ生物」と呼んでいる。
本書では、六一種類の「ナンコレ生物」を厳選して取り上げた。自然観察のガイドを生業とした いまでこそ正体を知っているが、かつては自分でも「なんだこれは?」と思っていた生き物ばかりである。

奇妙(きみょう)な生き物といえば、深海やジャングルにいる生き物たちをすぐに思いうかべる。それももちろん興味深いが、現実的にはまずお目にかかることができない。

けれども、じつはそうした奇妙(きみょう)な生き物は私たちのすぐ隣(となり)にいて、その気になれば今日にでも見つけることができる。生の姿をじっくりと目の前で観察することができるのだ。そのとき人は自然の不思議さ、豊かさを思わずにはいられない。そしてきっとこう叫(さけ)ぶだろう。「ナンコレ！」。

身近な「ナンコレ生物」をきっかけに、生き物好きの人はもちろん、生き物にあまり関心を持たなかった人も、自然観察の面白さを少しでも味わっていただけたら幸いである。

プロ・ナチュラリスト　佐々木洋

目次

1　形がナンコレな生き物たち

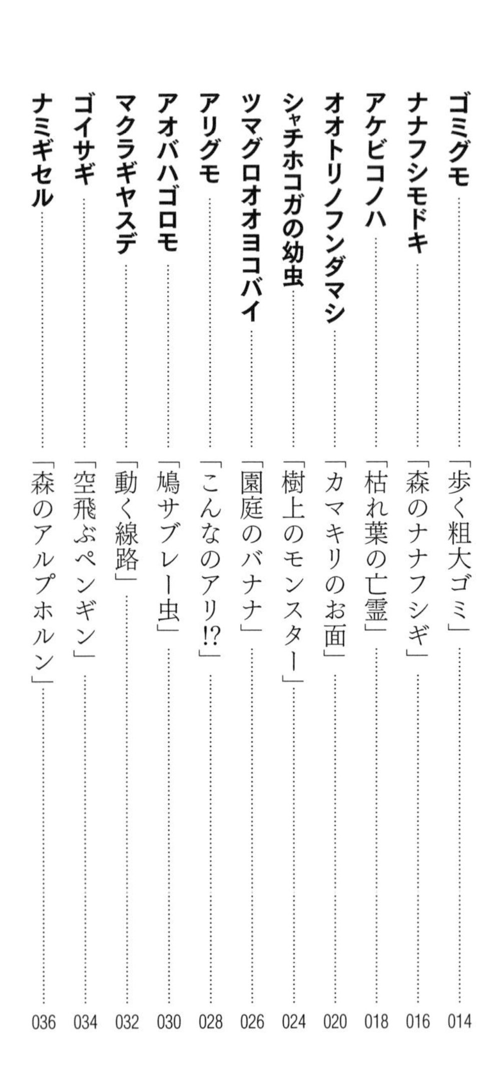

2 模様や色がナンコレな生き物たち

3 動きがナンコレな生き物たち

❖コラム

1

形がナンコレな生き物たち

"NANKORE" Creatures of odd shape

ゴミグモ

Cyclosa octotuberculata

❖見つけやすい場所……鉄製のフェンス、生垣

粗大ゴミの定義は難しい。ある自治体では、長い部分が三〇センチを超えるゴミを粗大ゴミと決めているらしいが、では、三〇センチ定規を捨てれば粗大ゴミなのかという疑問がわく。いずれにせよ、とりわけ大きなゴミが粗大ゴミであることは間違いないのだが。

さて、身近な生き物にも、ゴミに関わりの深いものがいる。ゴミグモである。もし、近所に鉄製のフェンスが長く続く場所があれば、そこに沿ってゆっくりと歩いてみよう。きっとフェンスのどこかに、中心部分に縦長にゴミが引っかかったクモの円い網(偽装円網という)があるはずだ。

一見したところ、クモはいない。しかし、もう一度、もっと顔を近づけて見ると、ゴミのまん中あたりに、頭を下にして、ひし形に近い形をしたクモがいることに気がつくだろう。

ゴミグモは食べかす、脱皮殻、枯れ葉のかけらなどを網の中央あたりに並べ、それらにまぎれて隠れている。まるで忍者のようなクモだ。クモ自体も形といい色といい、ゴミにとてもよく似ているので、そこにクモがいることを、多くの人は気がつかない。こうして、天敵などから身を守っているのだ。そして、いよいよピンチになるとポトリと網から地面に落ちるが、それでもあしを縮め、横倒しになってゴミのふりをしている。手の平にのせても、しばらくは動かない。

網を見ると、クモが隠れていたところは、ゴミの列にぽっかりとすき間が空いている。まるで町のゴミステーションから粗大ゴミだけを移動したかのようだ。

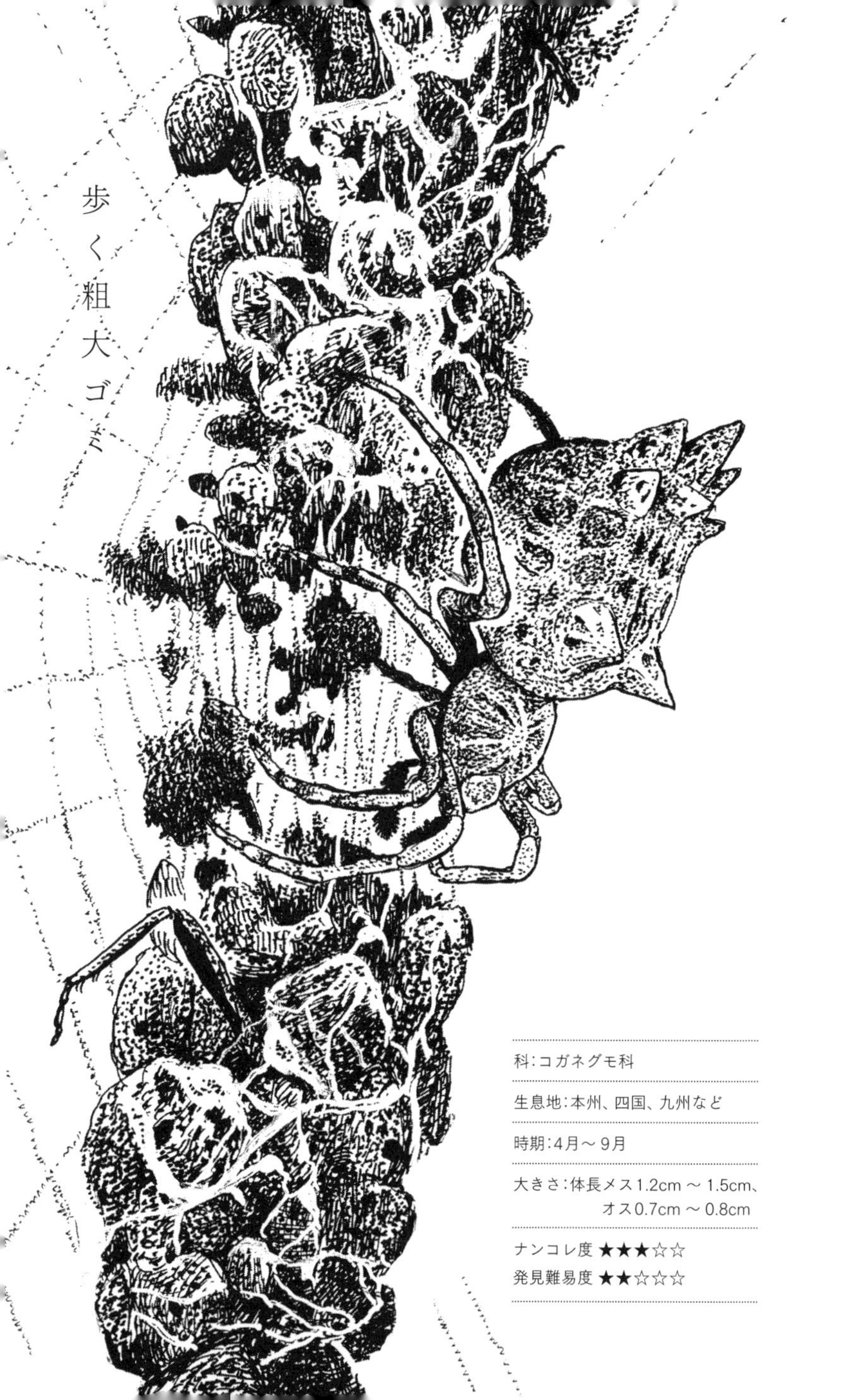

歩く粗大ゴミ

科：コガネグモ科

生息地：本州、四国、九州など

時期：4月～9月

大きさ：体長メス1.2cm～1.5cm、オス0.7cm～0.8cm

ナンコレ度 ★★★☆☆

発見難易度 ★★☆☆☆

ナナフシモドキ

Baculum irregulariterdentatum

❖見つけやすい場所……エノキ、コナラ、ヤマザクラなどの生えている林

私は自分のことをさほど変わった人間だとは思っていないのだが、他人からはそうとうな変わり者と思われているようだ。

その理由としてよく指摘されるのが、食べ物を、しかも、それをみなで食べているときに昆虫などにたとえることだ。

たしかに、私は居酒屋で生キャベツをガのオオミズアオのはねに似ていると言い、すし屋でイクラをニホンアカガエルの卵に似ていると言い、エスニックレストランで生春巻きをナミハナアブの幼虫(六三ページ)に似ていると言う。そして、お菓子を食べているとき、どうしても言ってしまうのが、プリッツがナナフシモドキに似ているということだ。

ナナフシモドキは広葉樹の多い公園の林などでよく見られる。主にエノキ、コナラ、ヤマザクラなどの葉を食べるため、木の枝にいることが多く、それに姿を似せて野鳥などから身を守っている。緑色、うす茶色、こげ茶色などのものがいる。よく似たエダナナフシは、触角が長いことで見分けられる。

ナナフシモドキは敵に襲われると、自分からあしを切って逃げることがある。しかし、幼虫のときに切れたあしは、成長とともに再生することができる。また、ナナフシモドキは、オスはめったに見つからず、基本的にメスどうしで繁殖する(これを単為生殖と呼ぶ)。まさに森の七不思議なのである。

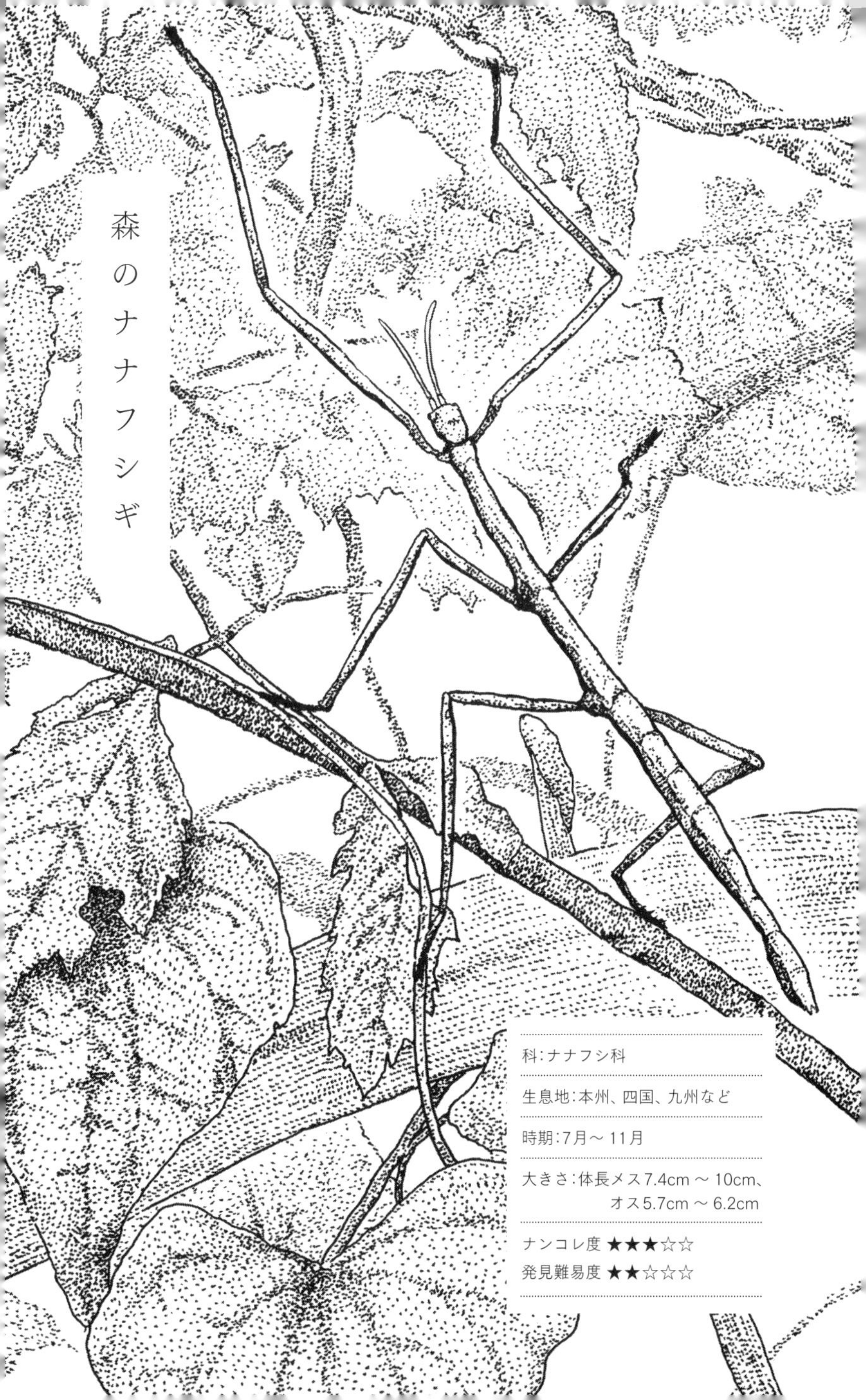

森のナナフシギ

科：ナナフシ科

生息地：本州、四国、九州など

時期：7月〜11月

大きさ：体長メス7.4cm〜10cm、
オス5.7cm〜6.2cm

ナンコレ度 ★★★☆☆

発見難易度 ★★☆☆☆

アケビコノハ

Eudocima tyrannus

❖見つけやすい場所……林の近くの野外トイレの外壁

枯れ葉の亡霊

ある秋のこと、子どもたちと落ち葉の観察をしていると、ひとりの男の子が突然、「はっぱのおばけ、はっぱのおばけ」と叫びだした。話を聞くと、その子が一枚の枯れ葉を拾おうとすると、葉が飛んで逃げていったという。その日、風はほとんどなかった。「この世に未練を残して死んだ葉が、いまも亡霊となって町をさまよっている」という怪談を思いついたが、その子に話すのはやめた。きっと夜眠れなくなってしまうからだ。

　この子が見たのは、おそらくアケビコノハというガである。枯れ葉、落ち葉に擬態していて、大人でも見間違えるほどである。

　ふつう、擬態と称されるものには「ミメシス」と「ミミクリー」の二つのタイプがある。ミメシスは、保護色やカムフラージュと呼ばれるもので、まわりの自然物の色に似せて自分の身を守る。ナナフシの仲間やシャクトリムシの仲間などがそうだ。一方、ミミクリーはモデルとなる生き物が存在し、その姿に似せて身を守る。スズメバチの仲間に似たトラカミキリの仲間、ヘビの仲間に似たガの仲間の幼虫などがそうだ。このアケビコノハは、幼虫はヘビに似ているのでミミクリーのタイプ、成虫は枯れ葉に紛れているのでミメシスのタイプである。

　ちなみに、アケビコノハの成虫は、見事な擬態で姿を隠しているが、いよいよ危険が迫ると、あざやかなだいだい色の地に二つの目玉模様がある後ろはねを見せ、天敵をひるませる。

科:ヤガ科

生息地:北海道、本州、四国、九州など

時期:5月～11月

大きさ:翅開張9.5cm～10cm

ナンコレ度 ★★★★☆

発見難易度 ★★★★☆

オオトリノフンダマシ

Cyrtarachne inaequalis

❖見つけやすい場所……果樹園やそのまわりのススキの原

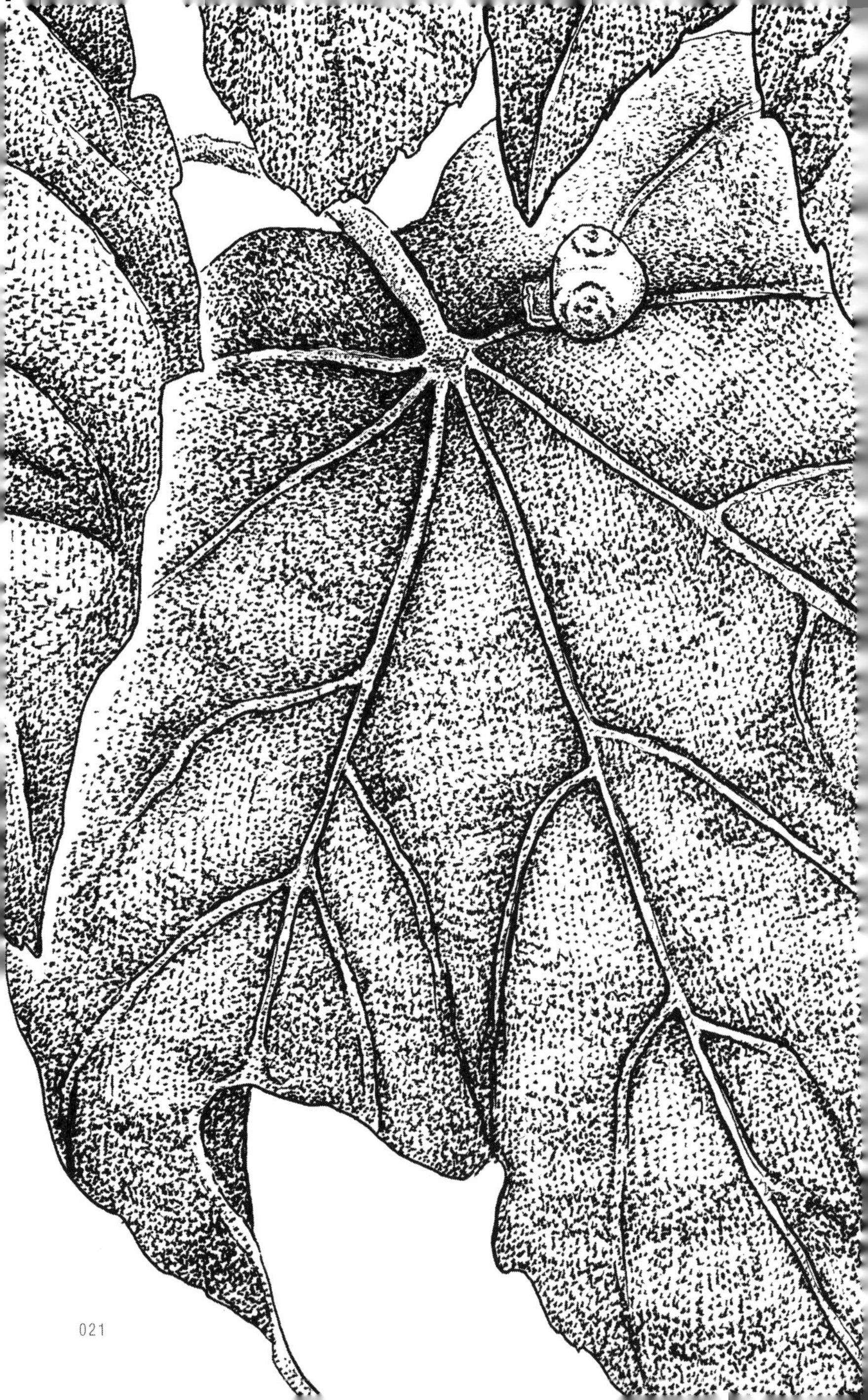

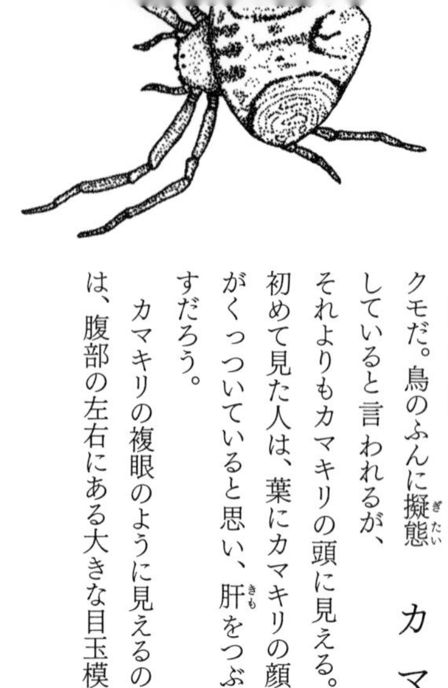

カマキリのお面

自然物には、名前に「ダマシ」「モドキ」「ニセ」などという言葉がついたものが少なくない。たとえば、ヨツボシテントウダマシ、アゲハモドキ、ニセクロナマコなどがそうだ。どれも、姿も名前もB級グルメ的な味わいがあり、私はけっこう好きである。

しかし、このオオトリノフンダマシはB級ではなく、間違いなくA級の魅力（みりょく）に満ちあふれたクモだ。鳥のふんに擬態（ぎたい）していると言われるが、それよりもカマキリの頭に見える。初めて見た人は、葉にカマキリの顔がくっついていると思い、肝（きも）をつぶすだろう。

カマキリの複眼のように見えるのは、腹部の左右にある大きな目玉模

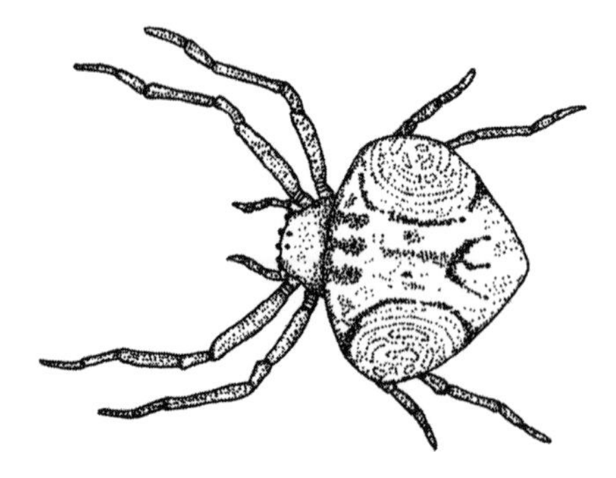

様で、そのまわりにある黒みがかった縁取りは、体内の組織が透けて見えているものでときおり動く。オスの体長はメスのそれの五分の一ほどしかなく、オスとメスとがいっしょにいると、まるで親子のようだ。日中は葉裏などで休んでいて夕方から活動する。樹間や草間に大きな同心円状の網を張り、ガの仲間などを捕えて食べている。

　ちなみに卵のうはひし形で、葉に吊るされている。卵のうがいくつも並んでいるようすを見ると、円谷プロダクションのウルトラシリーズなどに登場する、地球を目指して飛ぶ宇宙人の宇宙船団を思い出すのは私だけであろうか。

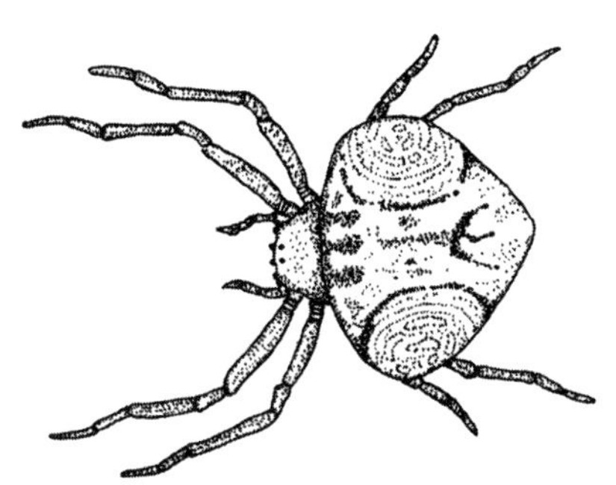

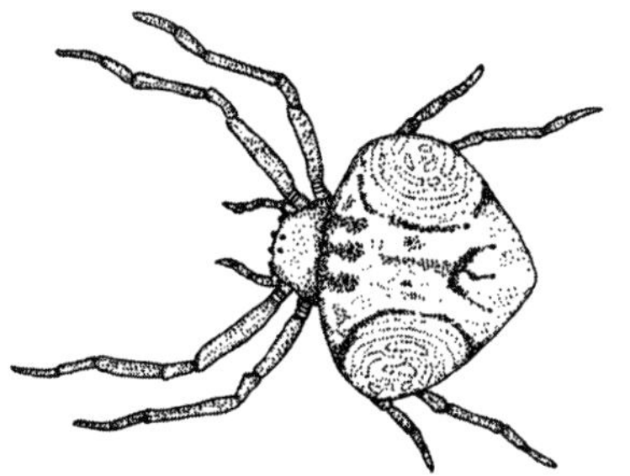

科：ナゲナワグモ科

生息地：本州、四国、九州、南西諸島など

時期：7月～10月

大きさ：体長メス1cm～1.3cm、
オス0.2cm～0.25cm

ナンコレ度 ★★★★★
発見難易度 ★★★★★

シャチホコガの幼虫

Stauropus fagi

❖見つけやすい場所……クヌギ、ケヤキ、ハンノキなどの葉

昆虫の世界には、その姿から、人間が「モンスター」「悪魔」などと形容するものが数多くいるが、だれもが納得するという点においては、このシャチホコガの幼虫の右に出るものはあるまい。幼いころ、群馬県水上市の林で初めてこの昆虫に遭遇し、ほんとうに腰が抜け、地面に尻もちをついたましばらく動けなくなってしまった。

シャチホコガは、日本各地に分布し、町なかやそのまわりでも普通に見られるガの一種である。成虫は、翅開長五・五センチほどの茶色い、これといった特徴のないガであるが、幼虫は一度見たら忘れられない姿をしている。ほぼ全体が茶色系の色彩のボディに、まるで成虫のもののような長い胸脚と、二本の尾のような突起がついている。前半分がアメリカ映画でおなじみのエイリアン、後ろ半分がウルトラ怪獣のツインテールのようである。

止まっているときには、頭を強く背のほうに反らせ、尾を背のほうに持ち上げた姿勢をとる。さらに、危険を感じると、長い胸脚を震わせ敵を威嚇する。

静止しているときのかっこうを、城郭の棟飾りに用いる鯱に見立て、かつてシャチホコムシと呼ばれていたものが、名前の起源である。ちなみに、ヨーロッパなどでは、エビに見立てて、ロブスターモスと呼ばれている。

このガは姿に似ず、幼虫、成虫ともに無毒である。「虫は、見かけによらない」のだ。

樹上のモンスター

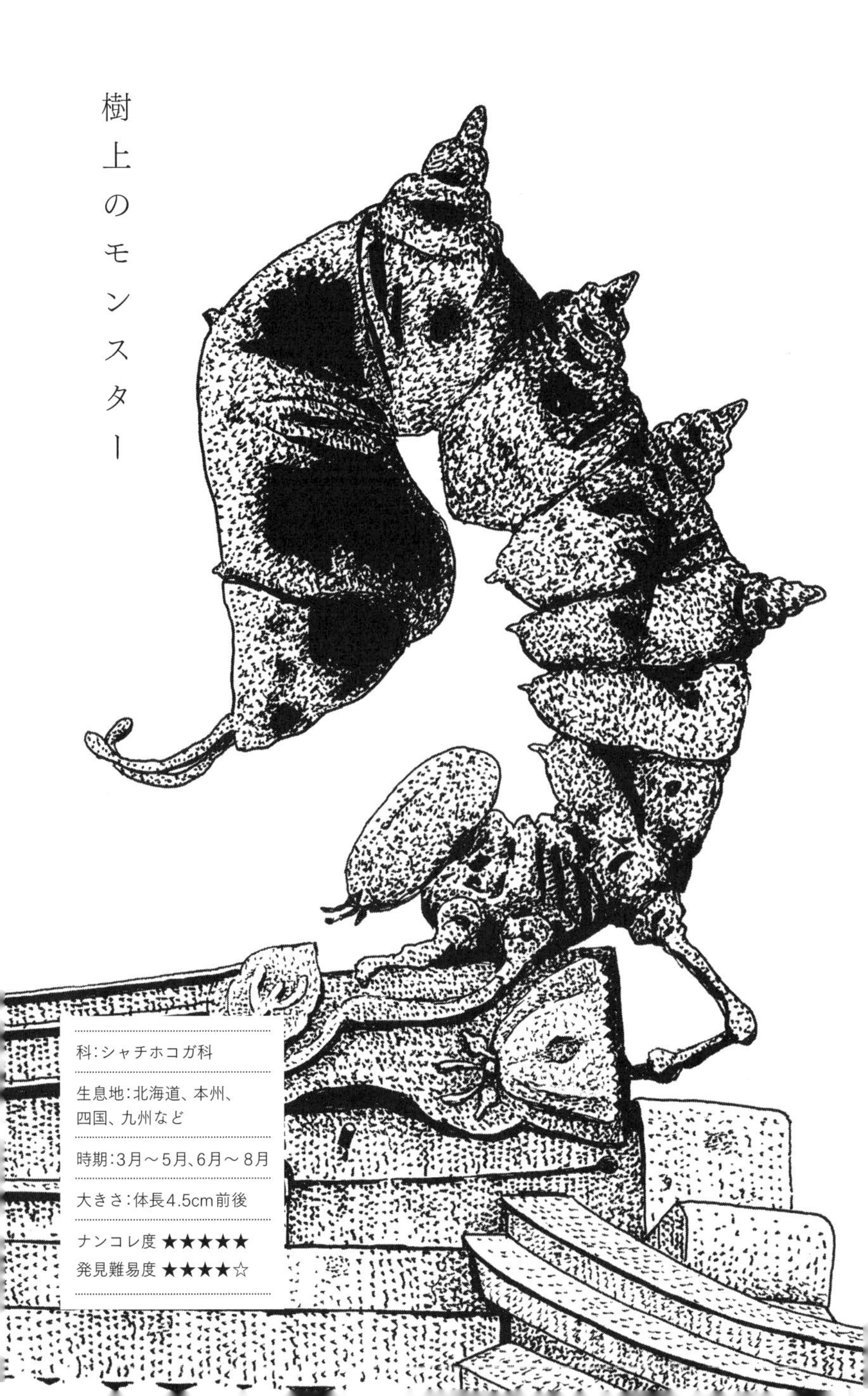

科：シャチホコガ科

生息地：北海道、本州、四国、九州など

時期：3月～5月、6月～8月

大きさ：体長4.5cm前後

ナンコレ度 ★★★★★

発見難易度 ★★★★☆

ツマグロオオヨコバイ

Bothrogonia ferruginea

❖見つけやすい場所……ビワなどさまざまな草木の葉

私は仕事で週に二、三度は幼稚園、保育園などに行く。園庭で園児たちと自然観察をするのだが、たいがいツマグロオオヨコバイを見かける。そのとき、私は必ず子どもたちに「この虫の名前、知ってる?」とたずねることにしている。

すると、日本各地の子どもたちが即座(そくざ)に、「バナナ虫!」と答える。姿がバナナに似ているためだ。ツマグロオオヨコバイは、大人の世界ではマイナーだが、子どもの世界ではメジャーな昆虫なのである。そして、「バナナ虫」という呼び名は全国の子どもたちに広まっている。

ツマグロオオヨコバイは、意外にもセミに近い昆虫である。たしかにあらためてよく見ると、セミをすごく小さくしたような姿をしている。セミとの最大の共通点は針状の口である。多くの種類のセミは、この口で木の幹や枝の汁を吸うが、ツマグロオオヨコバイは草木の、主に葉や茎の汁を吸う。

葉の表にいるツマグロオオヨコバイに近づくと危険を感じ、横歩きでくるりと葉裏へ隠れる。この行動などからヨコバイ(横ばい)と名前がつけられた。よく、ビワの木の葉裏に何びきものツマグロオオヨコバイが、まるで駐機場(ちゅうきじょう)に並ぶ飛行機のようにとまっているのを見る。

最後にツマグロオオヨコバイのトリビアを二つ。この昆虫の幼虫はレモンに似ている。「バナナ虫」の子どもは「レモン虫」なのだ。また、成虫を透明な容器に入れ、顔を正面から見ると、こんどはどことなくコアラの顔に似ていて、なかなかかわいらしい。

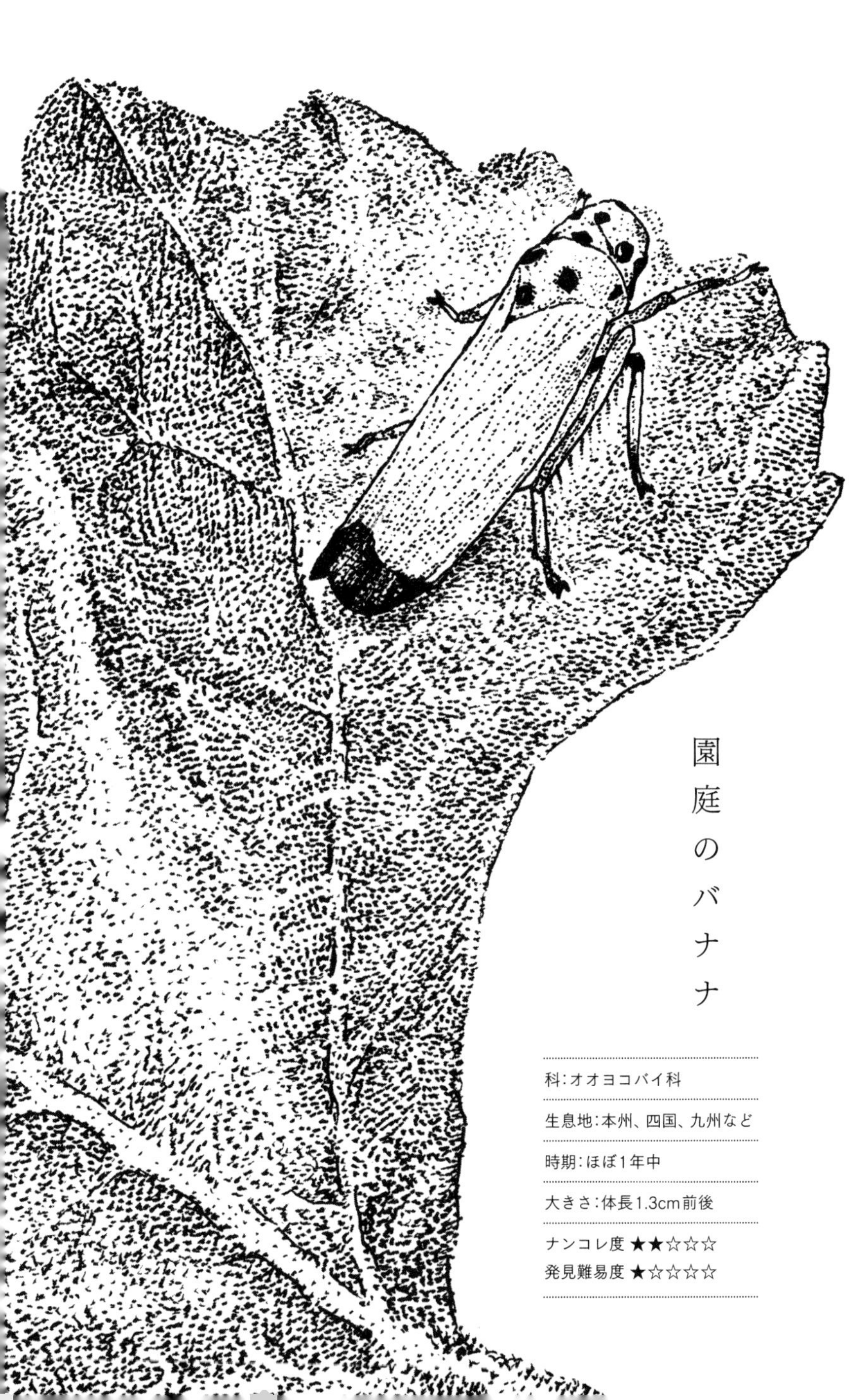

園庭のバナナ

科：オオヨコバイ科

生息地：本州、四国、九州など

時期：ほぼ1年中

大きさ：体長1.3cm前後

ナンコレ度 ★★☆☆☆

発見難易度 ★☆☆☆☆

アリグモ

Myrmarachne japonica

❖見つけやすい場所……アリの仲間の多い場所

日本には現在、約一五〇〇種のクモがいると言われている。そして、それらの獲物の捕り方は大きく二通りに分かれる。ひとつは、オニグモ、ジョロウグモ、コガネグモのように網を張り、そこに獲物がかかるのを待つ「待ちぶせタイプ」。

もうひとつは、アシダカグモ、ウヅキコモリグモ、そしてこのアリグモのように網を張らずに歩き回ったり、いろいろな場所で待機して獲物を捕える「追いかけタイプ」である。まるで恋人や結婚相手を探すときの人間の行動タイプのようだ。

アリグモは名前がしめす通り、アリに似たクモである。とりわけ、クロオオアリによく似ている。ルーペがあればあしの数を確認できるが、そうでない場合には、しばらく行動を観察していなければ、かなりベテランの自然観察家でも見分けがつかないだろう。

アリグモは眼がよく発達していて、ヨコバイの仲間などを見つけると、すばやく捕える。都会にもいて、よく幼児が公園などでアリと間違えて捕えて容器に入れている。オスは上あごが発達していて、頭胸部がクワガタムシのオスのような形になっている。

自然物にかなり詳しい人でさえ見間違えるアリによく似た生き物。アリグモは、まさに「こんなのアリ!?」と叫びたくなるナンコレ生物なのだ。

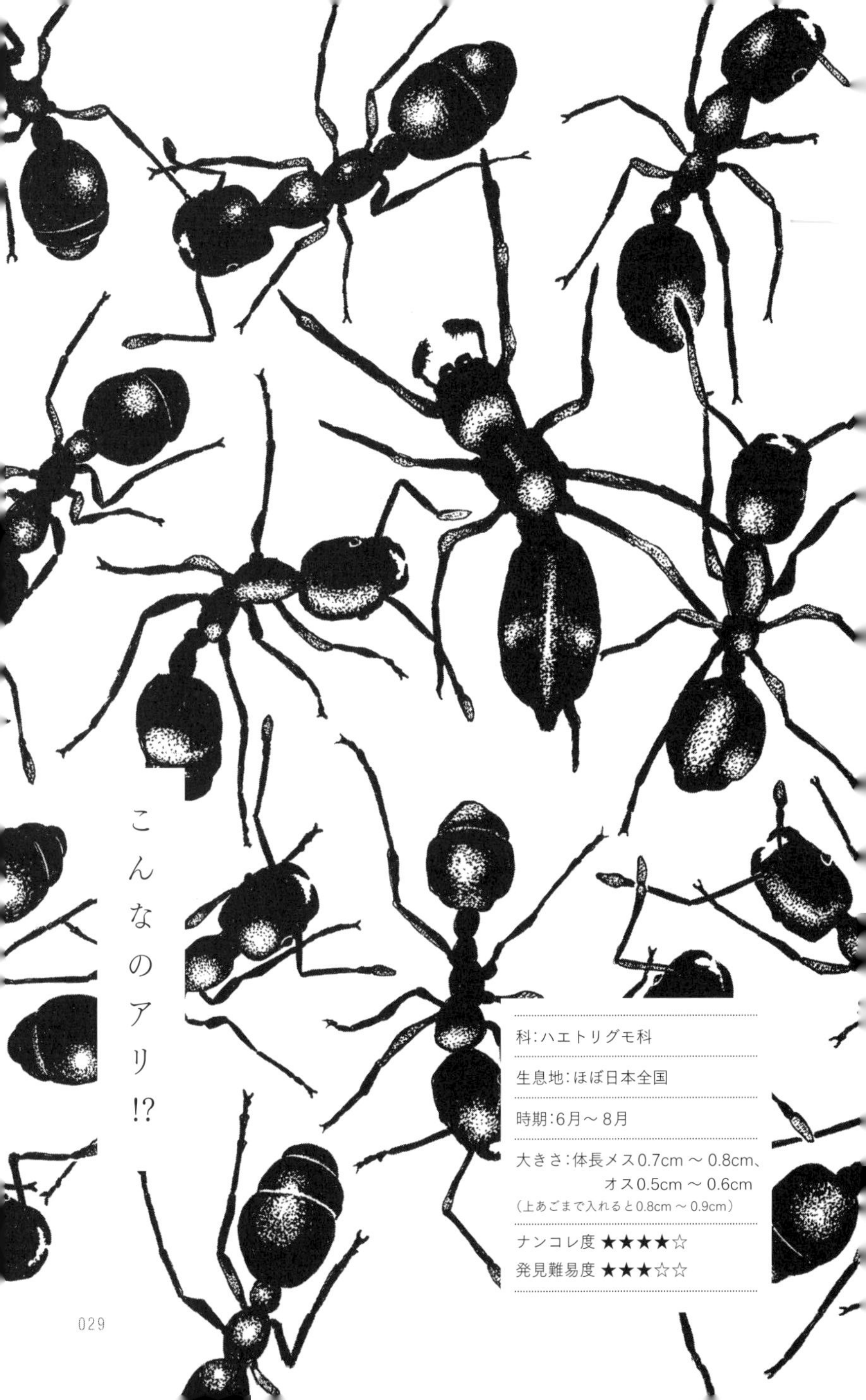

こんなのアリ!?

科：ハエトリグモ科

生息地：ほぼ日本全国

時期：6月〜8月

大きさ：体長メス0.7cm 〜 0.8cm、
オス0.5cm 〜 0.6cm
（上あごまで入れると0.8cm 〜 0.9cm）

ナンコレ度 ★★★★☆

発見難易度 ★★★☆☆

アオバハゴロモ

Geisha distinctissima

❖見つけやすい場所……アオキ、ナツミカン、ヤマグワの枝や茎

夏休みに虫捕りをしていると必ずと言ってよいほど見つかる、小さな、まるでクリームソーダをかき混ぜたような色をしたかわいい昆虫がいた。この昆虫のことを、まわりの子どもたちはなぜか「ハト虫」と呼んでいた。鳩に似ているからだろうが、私は親戚のおじさんがいつも買ってきてくれる、鎌倉銘菓豊島屋の「鳩サブレー」のほうが似ていると思っていた。

昆虫の名はアオバハゴロモである。漢字で書くと「青羽羽衣」だ。バカガイ、クソミミズ、オオイヌノフグリなど下品な名前の多い身近な自然物の中にあって、これはなんと美しい名前であろう。しかも、この昆虫の学名は*Geisha distinctissima*。「芸者」という言葉までついているのだ。

卵で冬を越し、五月ごろに幼虫がふ化し、成虫は七月から九月ごろにかけて見られる。幼虫は尾の先から蝋物質を分泌し、それを全身にまとう。その姿は、鳥の落とした羽毛のようだ。成虫、幼虫ともにいろいろな植物の汁を吸う。とくに、アオキ、ナツミカン、ヤマグワなどの樹木の枝によくついている。ときには何十ぴきも並んでいることもある。秋にはジョロウグモの網によくかかっているのを見かける。

アオバハゴロモに近い種に、はねの透けたスケバハゴロモというセクシーなものもいる。

鳩サブレー虫

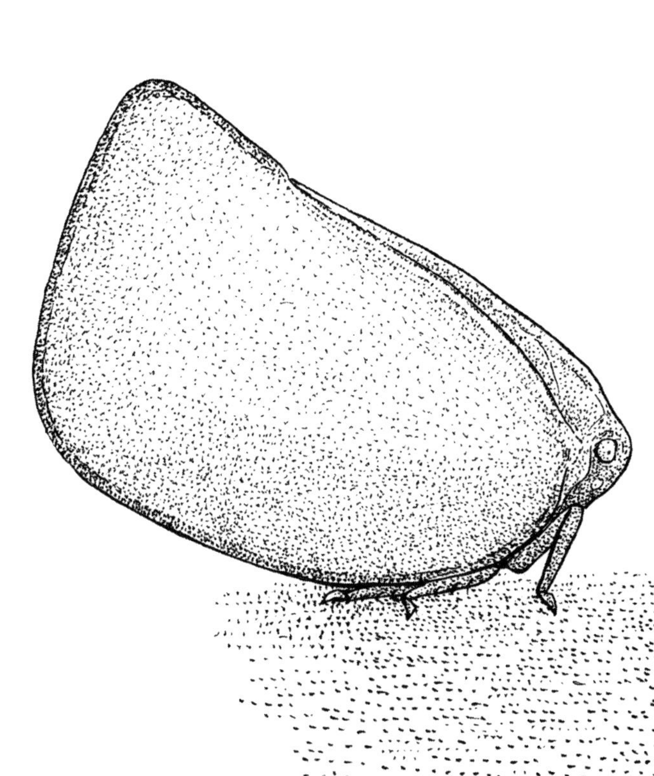

科:アオバハゴロモ科

生息地:本州、四国、九州、南西諸島など

時期:7月～9月

大きさ:全長0.9cm～1.1cm

ナンコレ度 ★★☆☆☆
発見難易度 ★☆☆☆☆

マクラギヤスデ

Niponia nodulosa

❖見つけやすい場所……屋外に放置された板や朽ち木の下

子どもたちは屋外に置いてあるものや落ちているものの下をのぞくのが好きだ。ときには、見かけがかなりグロテスクな生き物もいるのだが、それらに対するこわいもの見たさも手伝って、次から次へと見て回る。そのようなとき、オカダンゴムシ、ワラジムシ、ナメクジ、ミミズの仲間、セアカヒラタゴミムシ、ヒゲジロハサミムシなどとともに見つかるのが、このマクラギヤスデである。

その名の通り、体節が鉄道の線路の枕木に似ている。余談であるが、山地にはキシャヤスデという名前のヤスデもいる。枕木に汽車。鉄道マニアが聞いたら胸をときめかすに違いない。

マクラギヤスデの食べ物は朽ち木や腐りかけた葉など。七月ごろ、排泄物でドーム形の脱皮室や幼虫を育てるための巣を作る。

ちなみに、このマクラギヤスデのいるところには、たいがい体長二・五センチ前後でこげ茶色をしたヤケヤスデもいる。こちらは、数字の1のような形をしていて、刺激を受けると、絵の具のようなにおいを出す。このにおいが手につくと、石けんで洗ってもなかなか落ちない。私も自然観察会などでやむを得ずつかむときがあるが、そのあと、お弁当のおにぎりやサンドイッチを食べても、まるで絵の具を食べているような感じがして、食欲が著しく減退する。

ムカデとヤスデの見分けのポイントは、胴節にある歩肢の数。すべての胴節から一対ずつ出ていればムカデの仲間、二対ずつ出ている部分があればヤスデの仲間である。

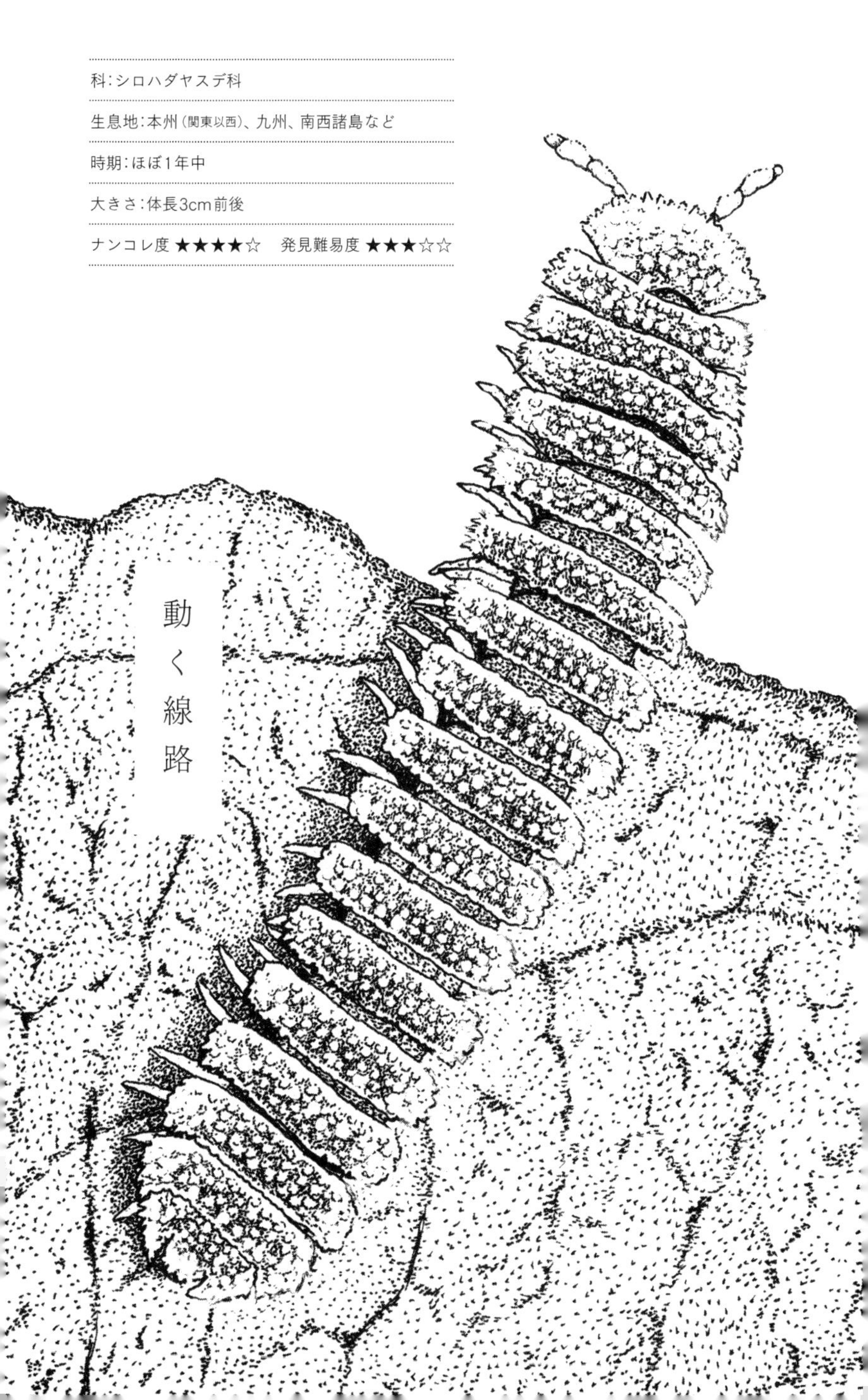

動く線路

科：シロハダヤスデ科

生息地：本州（関東以西）、九州、南西諸島など

時期：ほぼ1年中

大きさ：体長3cm前後

ナンコレ度 ★★★★☆　発見難易度 ★★★☆☆

ゴイサギ

Nycticorax nycticorax

❖見つけやすい場所……公園の池の杭、川辺の石の上

東京上野の恩賜上野動物園。ここの人気スポットのひとつがペンギン舎である。

ある日、そこで、私が写真を撮っていると、幼稚園の先生と園児たちがやってきた。「ペンギンさんは飛べないんだよ」。先生が子どもたちにそう言ったとたん、一羽のペンギンがふわりと舞い上がり、空高く飛び去った。「せんせいのうそつき！」。子どもたちが先生を非難し始めた。あまりに先生をふびんに思った私は、「いま飛んでいったのはペンギンさんじゃないんだよ。毎日のようにここへ飛んでくる違う鳥さんなんだよ」と子どもたちに説明してあげた。

飛んでいったのは、ゴイサギというサギの仲間である。たしかに体形といい、色彩といい、ペンギンによく似ている。先生が間違えるのも無理はない。このサギは、基本的に夜行性で、日中は水辺の大きな木の上などで休んでいて、夕方になると飛び立ち、川辺などにえさを捕りにいく。飛んでいるとき、「クワッ」という鳴き声を出すので「夜ガラス」とも呼ばれる。ちなみに、目が赤いのは徹夜をしているからではない。

では、なぜこの夜行性の野鳥が、日中のペンギン舎に毎日のようにやってくるのか。それは、ペンギンのえさの生魚を失敬するためである。このような鳥を「横どり」という。日本各地のペンギン舎の近くには、おいしいえさに目がくらみ、昼夜逆転してしまったゴイサギがいる。

空飛ぶペンギン

科:サギ科

生息地:本州、四国、九州など

時期:ほぼ1年中

大きさ:全長57.5cm前後

ナンコレ度 ★☆☆☆☆
発見難易度 ★☆☆☆☆

ナミギセル

Stereophaedusa japonica

❖見つけやすい場所……森や林の落ち葉の下、朽ち木

巻貝には、右巻きのものと左巻きのものがいる。見分け方は、殻のとがったほうを上にして、貝の中身が出入りする穴が自分のほうに向くように手の平にのせたとき、その穴が貝殻全体の右端にあれば右巻き、左端にあれば左巻きである。もし、ご自宅の植木鉢にサザエの貝殻がのっていれば、それで確認してほしい。サザエは右巻きである。

雑木林の落ち葉をめくったり朽ち木を少しくずしたりすると、小さな細長い巻貝が見つかることがある。ときには一カ所に数十ぴきもかたまっていることもある。

これはキセルガイの仲間である。カタツムリの仲間だが、多くの種類のカタツムリが右巻きであるのに対し、キセルガイの仲間のほとんどが左巻きである。なかでもナミギセルは身近な場所でも見ることの多いキセルガイの一種だ。落ち葉の腐りかけたものや朽ち木などを食べている。小学校の校庭や幼稚園の園庭などにいることもある。

キセルは漢字で「煙管」と書き、昔の人がタバコを吸うときに使った道具である。キセルガイという名は、形が煙管に似ているためにつけられた。

しかし、私にはどうしても煙管よりも楽器のアルプホルンに見える。ナミギセルを目にした瞬間、いつも、私の頭の中では『アルプスの少女ハイジ』の主題曲「おしえて」が流れ始めるのだ。

森のアルプホルン

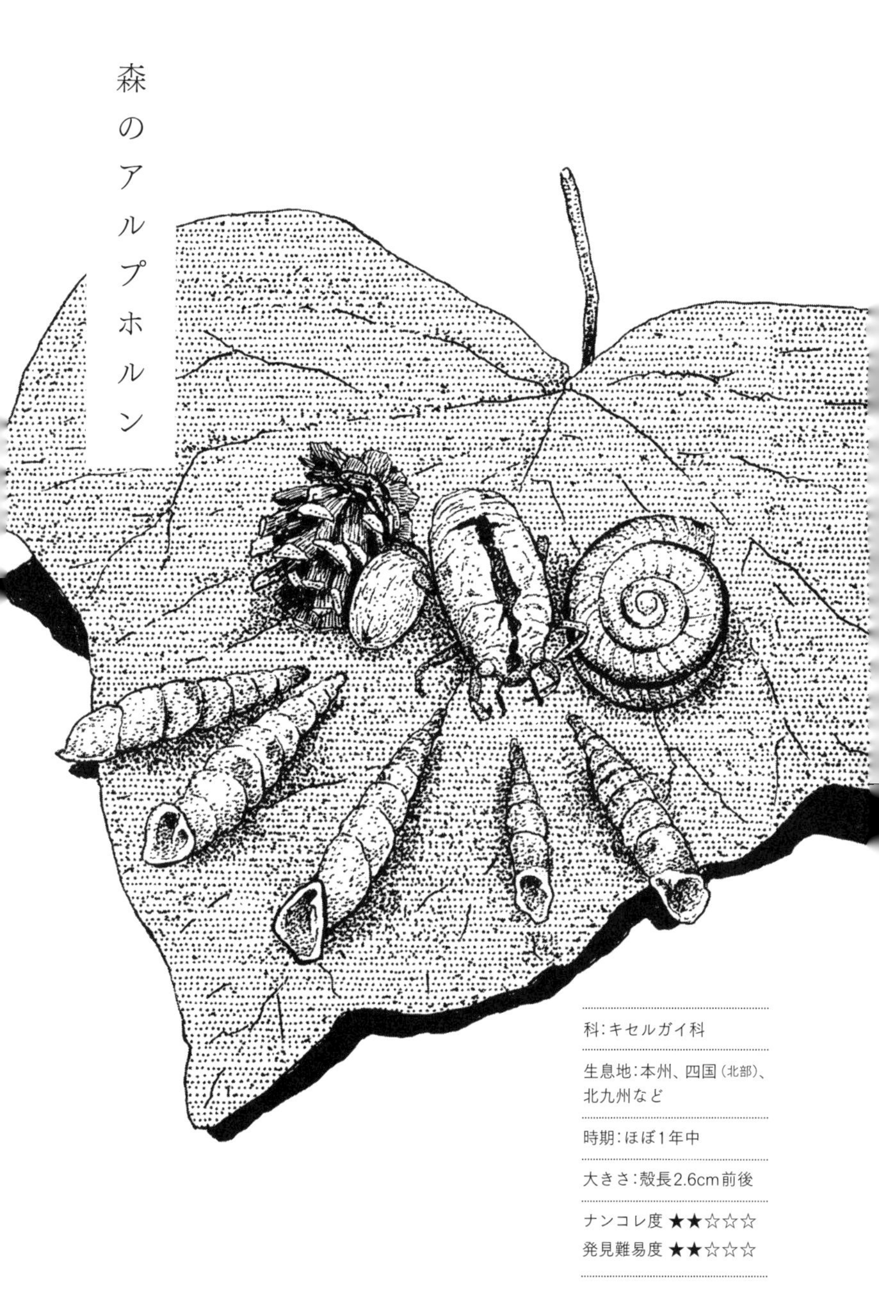

科:キセルガイ科

生息地:本州、四国（北部）、北九州など

時期:ほぼ1年中

大きさ:殻長2.6cm前後

ナンコレ度 ★★☆☆☆
発見難易度 ★★☆☆☆

ヒラタドロムシの幼虫

Mataeopsephus japonicus

❖見つけやすい場所……渓流の大きめの石の裏側など

郊外の渓流に行くと、水切りとともによくやる遊びがある。川の浅いところに入り、転がっている石を次から次へとひっくり返し、裏についている生き物を観察するのだ。

このとき、カワゲラの仲間、トビケラの仲間、プラナリアの仲間（一四〇ページ）などとともに見つかるのが、形も大きさも泥で汚れたコンタクトレンズのようなヒラタドロムシの幼虫だ。それを手の指の腹にのせ、じっと観察している様子は、これからコンタクトレンズを装着しようとしている人の姿にそっくりである。

ヒラタドロムシは、大きめの石が水底に多くある川の上流や中流にすんでいる。幼虫は平たく、ほぼ円形で、石の表面に密着してゆっくりと移動する。腹面のブラシ状の器官はエラで六対ある。成虫はナスのような体つきで、体長は幼虫とほぼ同じ〇・八センチ前後。全体的に黒い甲虫である。六月から七月にかけて現れ、水生で、水中の石の下などにいるが、夜間明かりに飛んでくることもある。

ヒラタドロムシの幼虫はそのスタイルから「渓流のペニー銅貨」と呼ばれることもあるが、日本人にはイメージがわきにくい。私はやはり、「渓流のコンタクトレンズ」のほうがわかりやすいと思っている。渓流の代表的なナンコレ生物である。

渓流のコンタクトレンズ

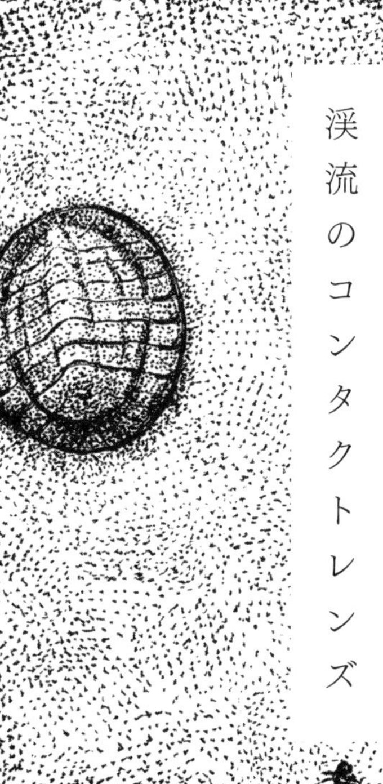

科：ヒラタドロムシ科

生息地：本州、四国、九州など

時期：ほぼ1年中

大きさ：体長0.8cm前後

ナンコレ度 ★★★★☆
発見難易度 ★★☆☆☆

オオチョウバエ

Clogmia albipunctatus

❖見つけやすい場所……公衆トイレの壁、浴室の窓

男性用公衆トイレの壁によくとまっている、体長四ミリほどの逆ハート形の小さな昆虫。男性でこれを一度も見たことのない人はほとんどいないだろう。なぜなら用を足すとき目の前にいるので、いやでも目に入る。はからずも少しの間観察することになるのだ。

私は男性なので女性用公衆トイレに入ったことはないのでわからないが、きっとそこにもいるに違いない。多くの人が見覚えはあるけれど正体はよくわからない。まさにこの本のテーマにうってつけの昆虫なのである。

この昆虫の名前はオオチョウバエという。チョウバエとは、チョウのような大きなはねを持ったハエの仲間という意味である。体もはねも灰色の毛で覆(おお)われているので、オオケチョウバエとも呼ばれる。幼虫は、排水口などにたまっている腐敗(ふはい)した有機物を食べているので、成虫がそれらに近い公衆トイレの壁や浴室の窓などによくいるのだ。もともと熱帯性の昆虫だが、地球温暖化などの影響か、かつてはほとんど見られなかった北海道でもよく見かけるようになった。

それにしても、大きなはねを持つことや、くるくる回るかわいらしい動きなどから、オオチョウバエを「トイレの天使」と呼びたくなるのは私だけであろうか。トイレの天使は、今日もあなたを便器の近くで待っている。

トイレの天使

科：チョウバエ科

生息地：ほぼ日本全国

時期：4月～11月

大きさ：体長0.4cm前後

ナンコレ度 ★★★☆☆
発見難易度 ★☆☆☆☆

アズマヒキガエルの卵塊

Bufo japonicus formosus

❖見つけやすい場所……ビオトープの池、公園の池

＊成体は刺激をすると毒液を出すので素手ではふれないこと。ふれたらすぐ手を洗うこと

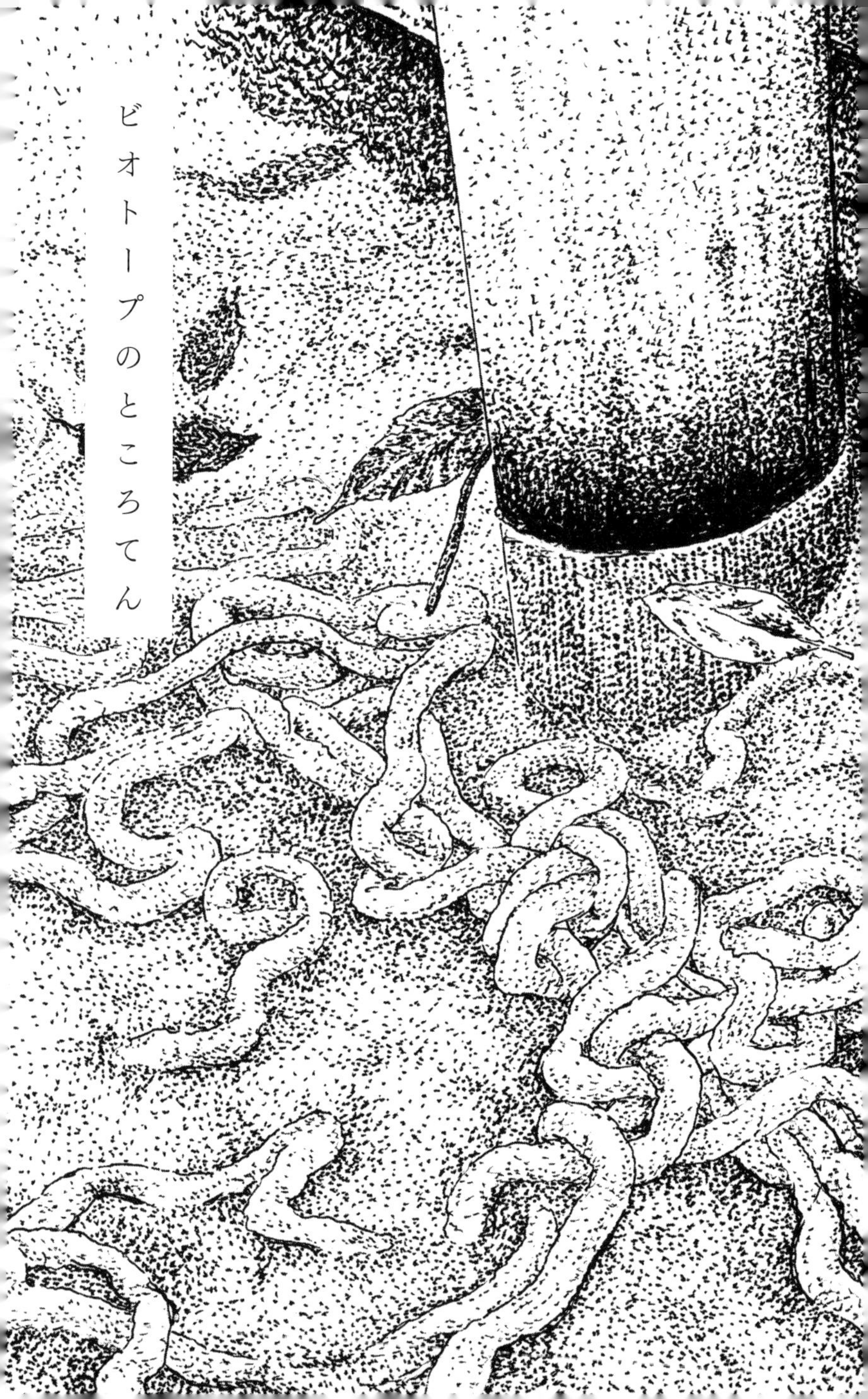
ビオトープのところてん

近ごろ、小学校などで校庭の片隅(かたすみ)にビオトープと呼ばれる野生の動植物のすみかを設けているところが多い。子どもたちに身近な生き物に親しんでもらうための場所である。すると春、子どもたちは池の中に沈(しず)んでいる巨大なところてんのような物体を見つけ、たいてい大さわぎとなる。

正体はアズマヒキガエルの卵塊(らんかい)である。直径は一センチ前後で、長さは数メートルもあり、ゆるく結んだような感じで池の底に沈(しず)んでいる。よく見ると、寒天質のひも状の物体の中に黒い粒が並んでいる。これが卵である。一本の卵塊(らんかい)に二五〇〇〜八〇〇〇個ほどもあると言われている。平地では二月から四月、山地では四月から七月に見られる。産卵後、一週間から一〇日ほどで黒くて小さな、まるで八分音符(おんぷ)のようなオタマジャクシが出てくる。

卵塊(らんかい)の近くに体長六センチから一八センチのアズマヒキガエルの成体がたくさんいることも多い。春になると池などにアズマヒキガエルが集まり、メスを取り合ってオス同士がバトルをくり広げる。この様子を「蛙合戦(かわずがっせん)」という。実写版「鳥獣(ちょうじゅう)戯画(ぎが)」のようだ。このとき、オスは大きな体のわりに小さくてかわいい「クッ、クッ、クッ」という声を出す。東京都八王子市にある真覚寺(しんがくじ)の池は、松尾芭蕉(まつおばしょう)も訪れた蛙合戦(かわずがっせん)の名所である。

科：ヒキガエル科

生息地：北海道（函館付近）、本州（山陰地方及び近畿地方以東）など

時期：2月〜7月

大きさ：長さ2m〜3m

ナンコレ度 ★★☆☆☆
発見難易度 ★★☆☆☆

オオミスジコウガイビル

Bipalium nobile

❖見つけやすい場所……プランターの下、ブロック塀

身近な生き物に関する質問でとても多いのが、コウガイビルについてである。なかには、「コウガイビルは都会にもいるのですか?」とたずねる人もいる。コウガイビルのコウガイは「郊外」ではなく、昔の女性の髪飾りである「笄」のことである。頭部が笄に似ているため、この名前がつけられた。なかには、その形からシュモクザメを思い出すという人もいる。

さまざまな種類のコウガイビルがいるが、このオオミスジコウガイビルは外来種で体長が一メートルほどにもなり、明るい茶色の地に濃い茶色の三本の縦筋が入っている。ほかにも全体がほぼ黒色のクロコウガイビルなどもよく見かける。

コウガイビルは、「ヒル」という言葉がついているが、人間などの血を吸うヒルの仲間ではなく、プラナリアの仲間である(一四〇ページ)。コウガイビルの英名はランドプラナリア(陸上のプラナリアという意味)だ。

乾燥に弱く、晴れた日中などはプランターの下、花壇を囲むレンガの下などで、落ちたカップラーメンの麺のようになって休んでいる。

人家や学校などでは前庭より、裏庭に圧倒的に多くいる。そして小雨などが降り出すとあらわれて、駐車場のブロック塀などの上を、頭部を左右に動かしながらはい回る。

頭部には、肉眼では見えない眼がたくさんあり、体の中央あたりの腹側に、肛門を兼ねた口がある。ナメクジやミミズなど見つけると、それにからみつき、その口で溶かしながら食べてしまうのだ。

裏庭のシュモクザメ

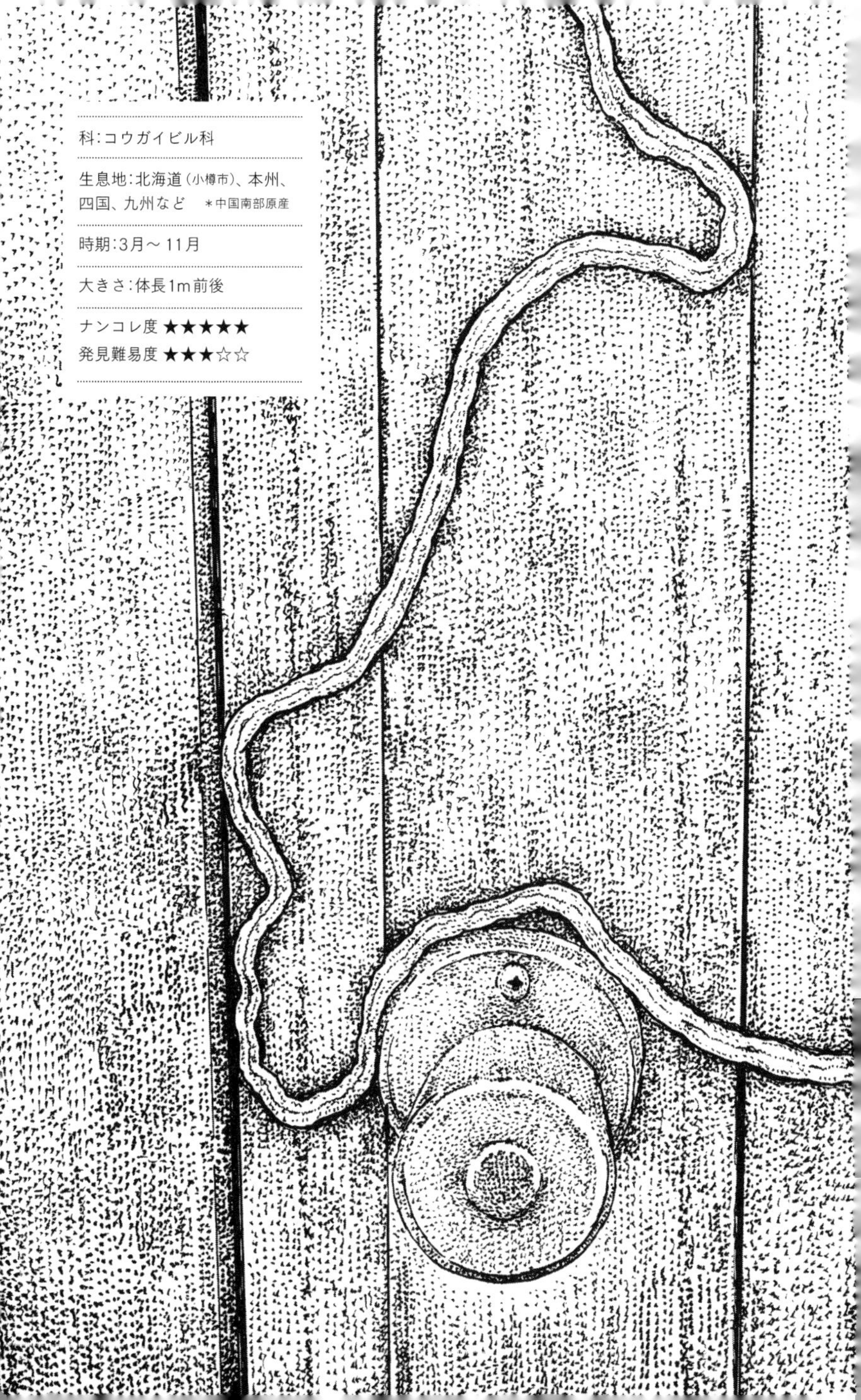

科:コウガイビル科

生息地:北海道（小樽市）、本州、四国、九州など　＊中国南部原産

時期:3月～11月

大きさ:体長1m前後

ナンコレ度 ★★★★★
発見難易度 ★★★☆☆

オオヒラタシデムシの幼虫

Eusilpha japonica

❖見つけやすい場所……ミミズの仲間など死体のまわり

くさいモスラの幼虫

昆虫の出す不快なにおいは、「頭が痛くなるようなにおい」と「吐(は)き気をもよおすようなにおい」に大きく分かれると思う。前者は、カメムシやゴミムシの仲間などが出す化学物質のようなにおい。後者は、このオオヒラタシデムシを含むシデムシの仲間などが出す腐(くさ)った肉のようなにおいである。手についたらどちらのほうがいやかと問われれば、私は迷わず後者と答える。何度手を洗ってもなかなかとれず、しばらくどんなごちそうを食べてもまるでおいしく感じられない。

シデムシは漢字で「死出虫」と書く。死体があると、それを食べるために出てくるからだ。また、死体を土中に埋(う)める種類もいるため「埋葬虫」と書く場合もある。不気味な印

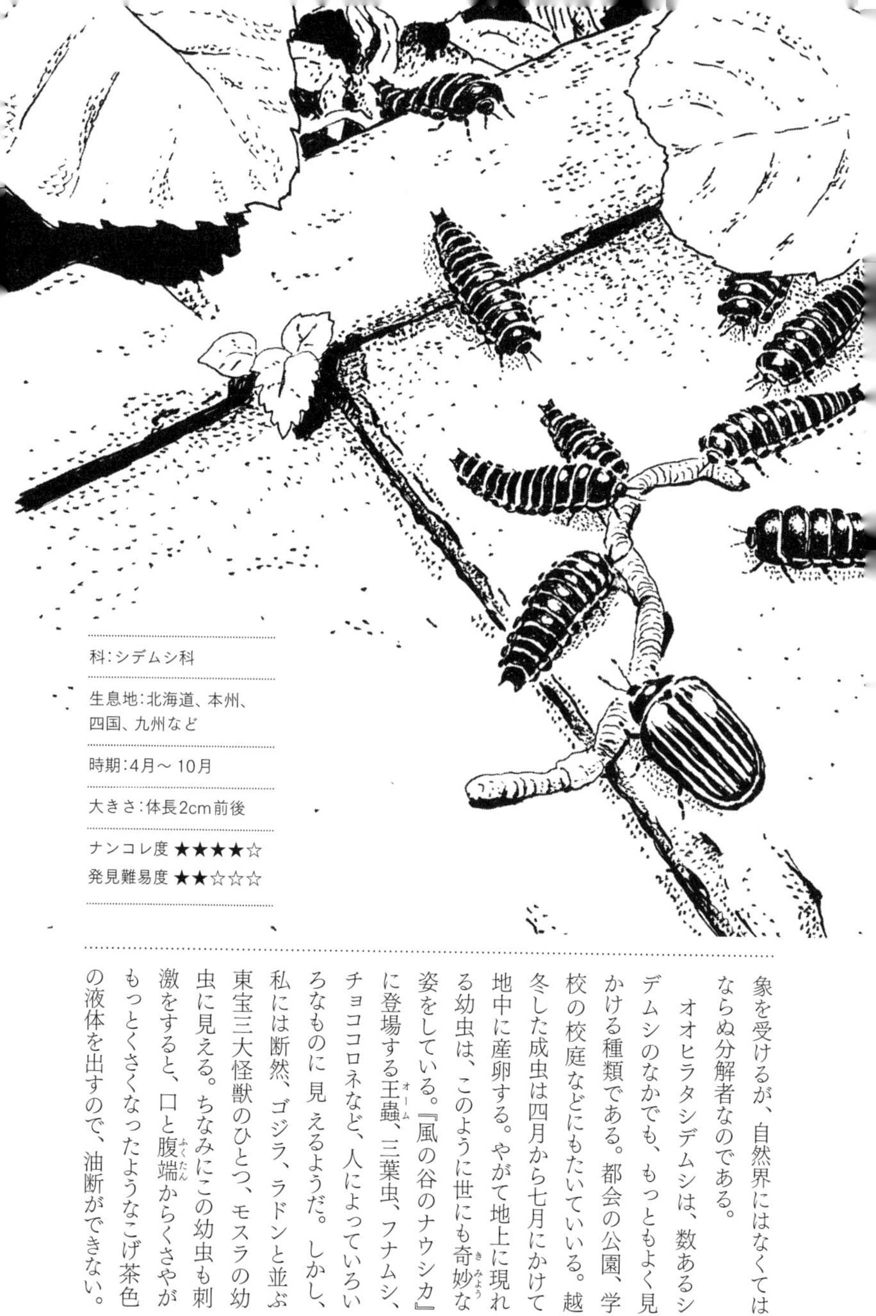

科：シデムシ科

生息地：北海道、本州、四国、九州など

時期：4月～10月

大きさ：体長2cm前後

ナンコレ度 ★★★★☆
発見難易度 ★★☆☆☆

象を受けるが、自然界にはなくてはならぬ分解者なのである。

オオヒラタシデムシは、数あるシデムシのなかでも、もっともよく見かける種類である。都会の公園、学校の校庭などにもたいていいる。越冬した成虫は四月から七月にかけて地中に産卵する。やがて地上に現れる幼虫は、このように世にも奇妙（きみょう）な姿をしている。『風の谷のナウシカ』に登場する王蟲（オーム）、三葉虫、フナムシ、チョココロネなど、人によっていろいろなものに見えるようだ。しかし、私には断然、ゴジラ、ラドンと並ぶ東宝三大怪獣のひとつ、モスラの幼虫に見える。ちなみにこの幼虫も刺激をすると、口と腹端（ふくたん）からくさやがもっとくさくなったようなこげ茶色の液体を出すので、油断ができない。

ナナホシテントウの幼虫

Coccinella septempunctata

❖見つけやすい場所……アブラムシの仲間が群がったカラスノエンドウ

テントウムシは、種類によっていろいろなものを食べる。ニジュウヤホシテントウやオオニジュウヤホシテントウなどはナス、ジャガイモなどのナス科の植物の葉を食べる。また、アカホシテントウなどはカイガラムシの仲間を食べる。さらに、キイロテントウなどは植物の病原菌であるウドンコ病菌を食べるので、いわば、植物のお医者さんだ。「ドクターイエロー」である。

このナナホシテントウは、幼虫、成虫ともにアブラムシの仲間を食べている。幼虫は、えさが少ないと共食いもする。赤地に七つの黒い斑(はん)がある成虫の姿は、幼い子どもでも知っているが、同じ野草の葉の上にその幼虫を見つけると、先ほどまで成虫を指に止まらせて愛でていた人も、「うわっ、なにこの虫」と叫(さけ)んで腰を抜かしたりする。

たしかに幼虫は成虫とは似ても似つかない姿をしている。しかもどことなく、シャコに似ている。それも、にぎり寿司の酢飯(すめし)の上にのったシャコだ。色彩は成虫同様、赤と黒の組み合わせである。ただ、成虫は赤地に黒であるのに対し、幼虫は黒地に赤だ。幼虫はやがて蛹(さなぎ)となり、そこから成虫が出てくる。羽化したての成虫には黒い斑(はん)がまだなく、時間がたつにつれ浮き出るように現れる。

草むらのシャコ

科:テントウムシ科

生息地:ほぼ日本全国

時期:ほぼ1年中

大きさ:体長0.9cm前後

ナンコレ度 ★☆☆☆☆

発見難易度 ★☆☆☆☆

ニホンクモヒトデ

Ophioplocus japonicus

❖見つけやすい場所……潮だまりの大きめの石の下

　人は見かけによらない。こわそうに見えて優しい人もいるし、優しそうに見えてこわい人もいる。野生の生き物も同じだ。危なそうに見えて安全な生き物もいるし、安全そうに見えて危ない生き物もいる。たとえば、この本でも取りあげたオオミスジコウガイビル（四五ページ）は、いかにも人間の生き血を吸いそうだが、実際にはナメクジやミミズなどを食べていて人間には無害だ。逆に、都会の公園などでも見かけるアオカミキリモドキという体長一・一センチから一・五センチほどの甲虫は、メタリックグリーンの美しい色といい、小さなカミキリムシの仲間のような形といい、つい手にとりたくなるが、うっかり素手でつかむと体液で皮膚炎を起こすことがある。

　ニホンクモヒトデは前者のタイプである。潮だまりで、カニなどを探している親子がこれを見つけて悲鳴をあげているシーンをいったい何度見たことか。確かにコインのような盤（ばん）に五本の細く長い腕のついたこの生き物は不気味で絶対にさわってはいけない感じがする。しかし、じつは人間には無害なのである。日本固有種で、潮だまりの水底の大きめの石を動かすとよく見つかる。

　私はいつもループタイをしている人に会うと、申し訳ないのだが、その人の胸にニホンクモヒトデがついているように見えてしまう。潮だまりという意味の英語「タイドプール」とループタイという言葉は、どこか似ている。

科：クモヒトデ科

生息地：日本海側では飛島（山形県）以南、太平洋側では犬吠崎（千葉県）以南

時期：ほぼ1年中

大きさ：盤の直径1.5cm ～ 2cm

ナンコレ度 ★★★★★

発見難易度 ★★★☆☆

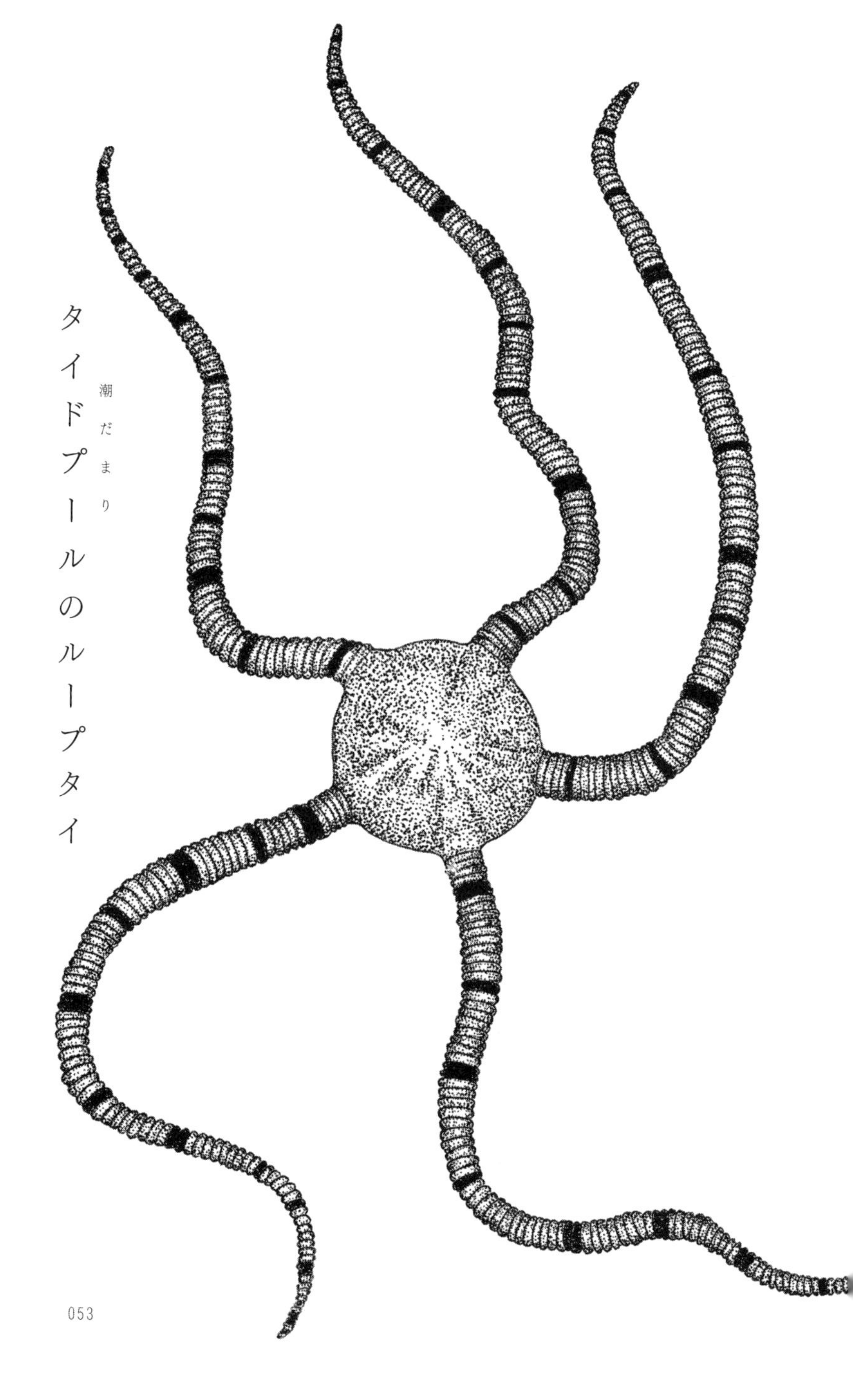

タイドプールのループタイ

潮だまり

ビロードツリアブ

Bombylius major

❖見つけやすい場所……日当たりの良い、草丈の低い草はら

「春の女神」といえば、身近な昆虫ではツマキチョウ。モンシロチョウより少し小さく、地面近くを直線的に飛んで行くこのチョウは、成虫が春の一時期しか姿を現さないため、そのように呼ばれている。

しかし、それよりもこのビロードツリアブのほうが魅力的だと思う。ツマキチョウと同じように春の一時期にしか成虫は見られず、しかも、まるでぬいぐるみのようにかわいらしい姿なのだ。私はそのチャーミングさに毎春ノックアウトされている。

ビロードツリアブは、アブといっても人間に危害を加えることはない、おとなしい昆虫だ。黄色っぽい毛におおわれた丸味のある体つきで、とても長い口を持っている。その口で花から花へと飛び回り、蜜を吸う。幼虫は、ヒメハナバチの仲間の幼虫や蛹に寄生する。ホバリングをしている姿が空中に吊られているように見えることから、この名前がつけられた。地面などにとまると景色にまぎれてどこにいるかわからなくなるので、写真に撮りたい場合は、飛んでいるものをそっと追いかけ、とまった地点をしっかりと確認してからシャッターを押すと良い。

花見やピクニックのとき、ビロードツリアブを探してみよう。一度見れば、あなたもきっとこの昆虫のとりこになるに違いない。

春のぬいぐるみ

科:ツリアブ科

生息地:北海道、本州、四国、九州など

時期:4月～5月

大きさ:体長1cm前後

ナンコレ度 ★★☆☆☆
発見難易度 ★★☆☆☆

ヒザラガイ

Acanthopleura japonica

❖見つけやすい場所……潮だまりの岩の上

中華そばと言ったほうがイメージに合う、昔ながらのラーメンに入っている「なると」になぜか心ひかれる。ほかの多くの具が主役になれるのに、なるとはなれない。チャーシューメン、メンマラーメン、ネギでさえ主役となりネギラーメンが存在する。しかし、麺の上をなるとでおおいつくした「なるとラーメン」には未だかつてお目にかかったことがない。

なるとは食べた印象も薄い。たとえばチャーシューは、普通には一枚しか入っていないこともあり、どのタイミングで食べたか、あざやかに記憶に残るのだが、同じようになるとも一枚しか入っていないのに食べたことを忘れてしまうのだ。

潮だまりにはさまざまな生き物がいるが、ラーメンにおけるなるとのような存在が、このヒザラガイの仲間だろう。見た瞬間は、「これは何だろう?」と思っても、あとで調べることを忘れてしまう。しょっ

科：新ヒザラガイ科に属する生き物の総称

生息地：ほぼ日本全国

時期：ほぼ1年中

大きさ：全長2cm ~ 40cm

ナンコレ度 ★★☆☆☆　発見難易度 ★☆☆☆☆

ちゅう見ているのに、興味をあまり持たれないのだ。

ヒザラは漢字で「火皿」と書く。火皿とは昔、油を満たし、灯心をひたして明かりとした照明器具である。その古びた火皿の姿に似ているため、この名がつけられたようである。多くの種類は、偏平な体で潮だまりなどの岩に張りつき、藻類などを食べている。力ずくで岩からはがすと体を丸める。たくさんの地方名を持つが、中でも、「イソワラジ」という名は、この生き物の姿をよく表している。世界各地でときおり食べられているようだが、市場に出回ることはまずないし、ポピュラーな調理法もほとんどない。苦労して岩からはがし、工夫して食べることもない生き物のようだ。

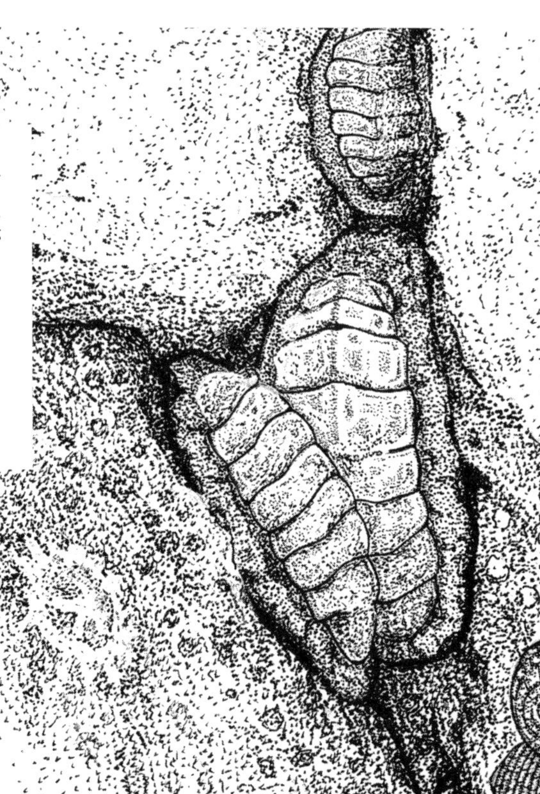

アオバアリガタハネカクシ

Paederus fuscipes

❖見つけやすい場所……運動会のゴザの上、ピクニックシートの上
＊体液が皮膚につくと皮膚炎を起こすため、強くつかんだりつぶしたりしないこと

運動会で応援をしているときや、ピクニックでおにぎりをほおばっているとき、敷いたシートの上を歩き回っているオレンジ色の小さな昆虫を見たことはないだろうか。これを素手やティッシュペーパーなどで強くつかんだりつぶしたりすると、やっかいなことになる。そのときはとくに何も感じないだろうが、しばらくすると手は赤く腫れ、やがて水ぶくれができ、皮膚炎を起こす。また、つぶした直後にその手で目をこすれば、結膜炎や角膜潰瘍などを起こすのだ。

この昆虫の名前はアオバアリガタハネカクシという。一センチに満たない、アリのような形をした昆虫だ。ほぼ体全体がオレンジ色で、藍緑色のチョッキのような小さな前ばねを持っている。じつは、この小さな前ばねの下に後ろばねがたたまれていて、それらを使って飛ぶこともできる。はねを隠しているから「ハネカクシ」なのである。

肉食性が強く、小さな昆虫をよく食べる。そのため、水田では益虫扱いをされている。夜、光に集まることも多く、初夏の夜などに窓を開けて読書をしていると、突然、開いた本のページの上に落ちてくることもある。

初夏や秋の行楽シーズンに、アウトドアレジャーを楽しむときには、このアオバアリガタハネカクシにじゅうぶん気をつけてほしい。名前とは裏腹に、まったくありがたくない昆虫なのだ。

アリガタくない虫

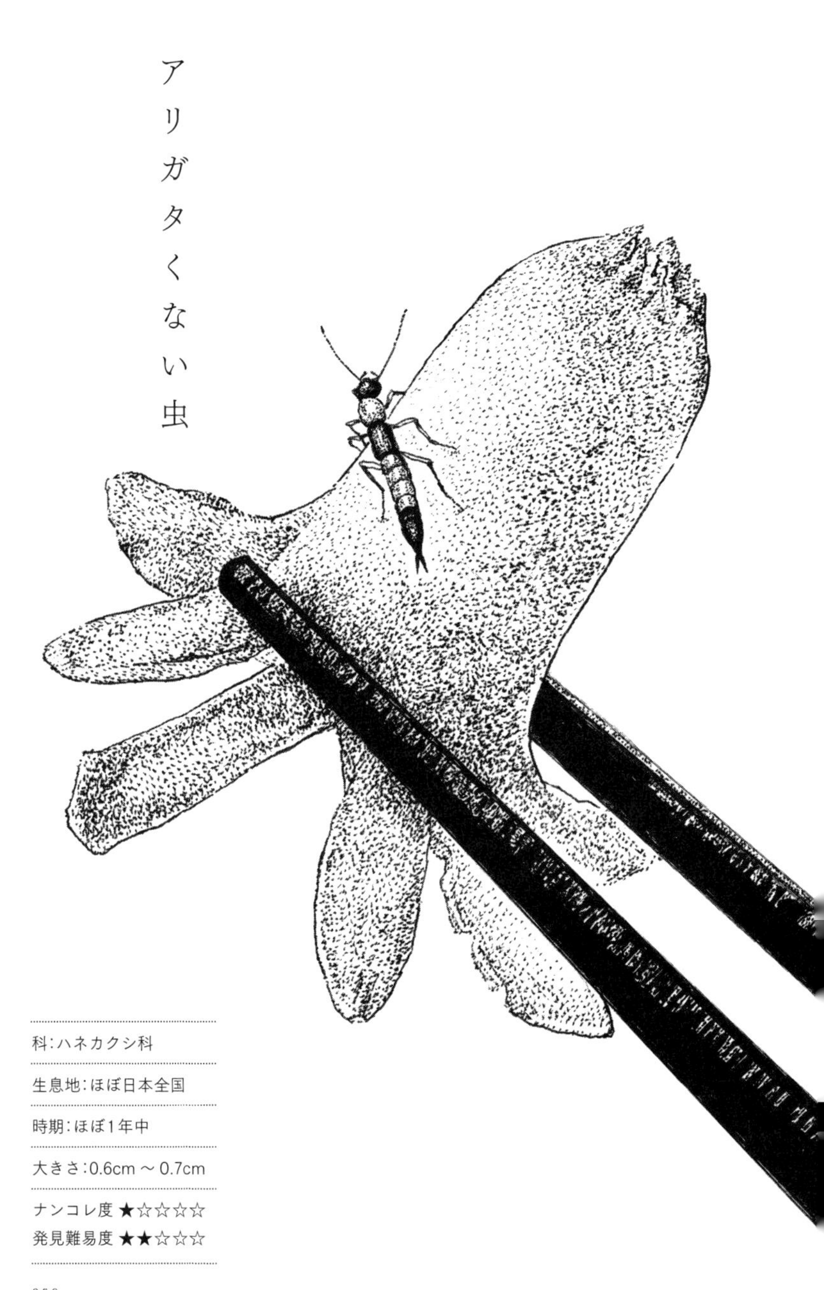

科：ハネカクシ科

生息地：ほぼ日本全国

時期：ほぼ1年中

大きさ：0.6cm ～ 0.7cm

ナンコレ度 ★☆☆☆☆
発見難易度 ★★☆☆☆

オナガグモ

Ariamnes cylindrogaster

❖見つけやすい場所……針葉樹のある林の遊歩道沿い

身近な生き物にも、まるで忍者のようにいろいろな姿に擬態しているものがたくさんいる。花のように見える生き物、枝のように見える生き物、石のように見える生き物もいる。しかし、数ある中でも、このオナガグモほど見事な忍者ぶりを見せてくれる生き物はいない。もしも、身近な生き物界の忍者ぶりを競う「N（忍者）1グランプリ」がおこなわれたら、このクモは間違いなく優勝するだろう。

　オナガグモは、住宅地の近くの針葉樹のある林の遊歩道沿いなどでもよく見られる。初夏から秋にかけ、そうした場所を歩いていると、クモの糸に一本の針葉樹の葉が引っかかっているのを見かける。そっと指でふれてみると、突然、葉からあしが出て、それが糸の上を歩き始めるのだ。

　針葉樹の葉と思っていたものの正体がクモだとわかったときの衝撃は相当なものだ。これに驚かない人はまずいない。そして、落ちついて周囲を見渡してみると、じつはあちこちにオナガグモがいたことに気がつくのだ。

　オナガグモはクモを食べるクモである。枝と枝の間などに三、四本の粘らない糸を引いただけの条網というタイプの網を張り、その中央あたりで葉に擬態して獲物を待つ。その糸の上を歩く別のクモを捕え、食べてしまうのだ。

　もしもあなたが橋を渡っているとき、その橋が突然襲いかかってきたと想像したら、背筋が寒くならないだろうか。

N1グランプリ覇者

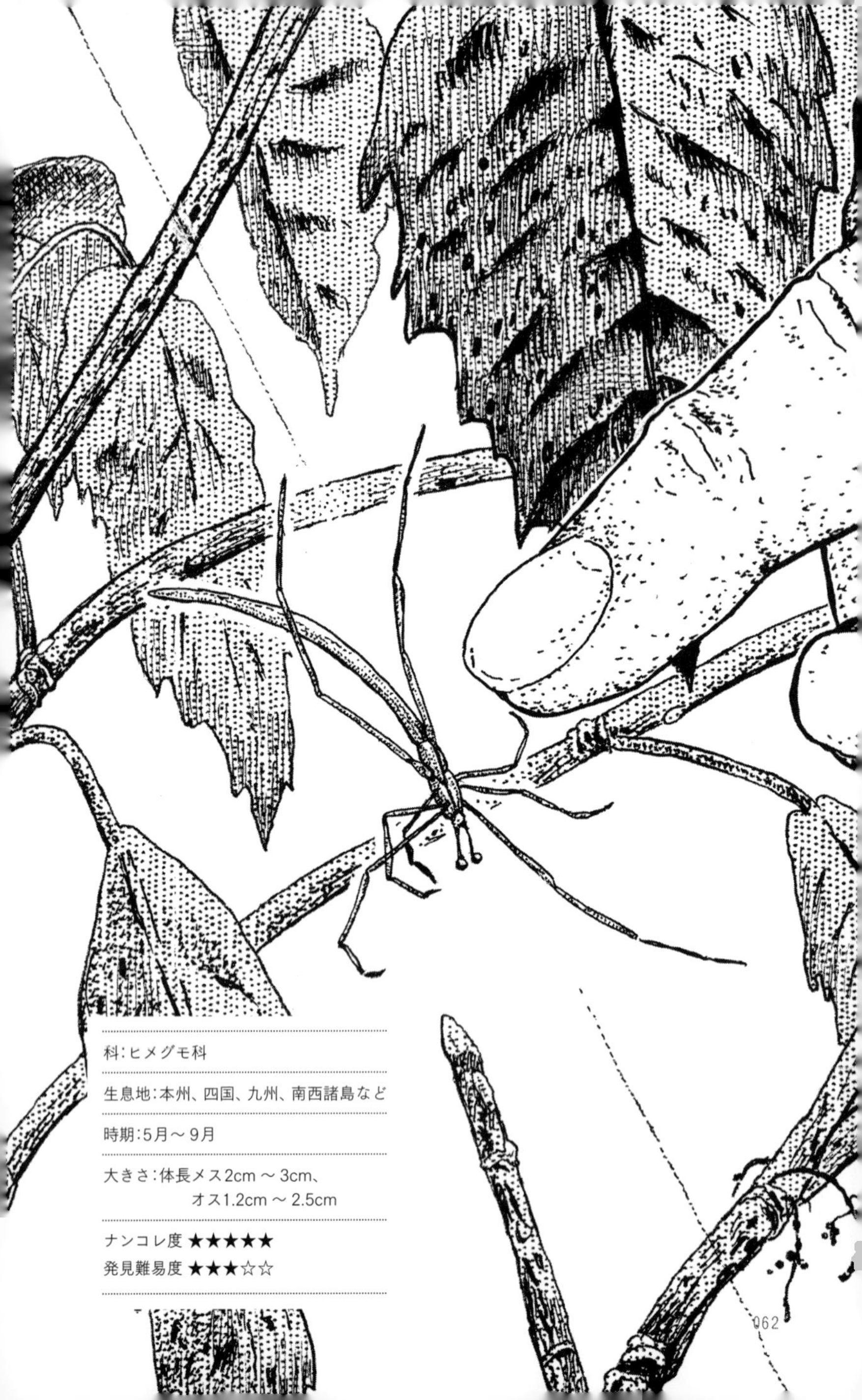

科：ヒメグモ科

生息地：本州、四国、九州、南西諸島など

時期：5月～9月

大きさ：体長メス2cm～3cm、
オス1.2cm～2.5cm

ナンコレ度 ★★★★★
発見難易度 ★★★☆☆

ナミハナアブの幼虫

Eristalomyia tenax

❖見つけやすい場所……防火用水、小さな池

ある日、毎月のように講師として出かけている幼稚園で、子どもたちが、「お池に白いクネクネがいっぱいいる」とさわいでいた。子どものひとりに手を引かれて池のほとりに行き、水中をのぞき込んでみると、水面近くで生春巻きを小さくしたような何びきもの生き物が体をくねらせていた。

生き物の正体は、ナミハナアブの幼虫である。ハナアブの仲間はミツバチの仲間によく間違われる。しかし、ミツバチの仲間は、はねが四枚しっかり見えるのに対し、ハナアブの仲間は、後ばねが退化しているため、はねが二枚に見えることで区別がつく。

ナミハナアブの成虫は、名前が示す通り、いろいろな種類の花に集まる。幼虫は、汚れていて、酸素も欠乏（けつぼう）している水中でくらしている。

白っぽい灰色の、長いしっぽのようなものがある円筒型（えんとうけい）の生き物であることから、「オナガウジ」と呼ばれることもある。しっぽのように見えるのは呼吸管で、これを水面から出して呼吸をする。

たいがい、ひとつの場所に何びきもいて、汚れた水の水面近くで、それらがうごめいているようすはなかなか不気味である。

科:ハナアブ科

生息地:ほぼ日本全国

時期:ほぼ1年中

大きさ:体長2cm前後

ナンコレ度 ★★★★☆
発見難易度 ★★☆☆☆

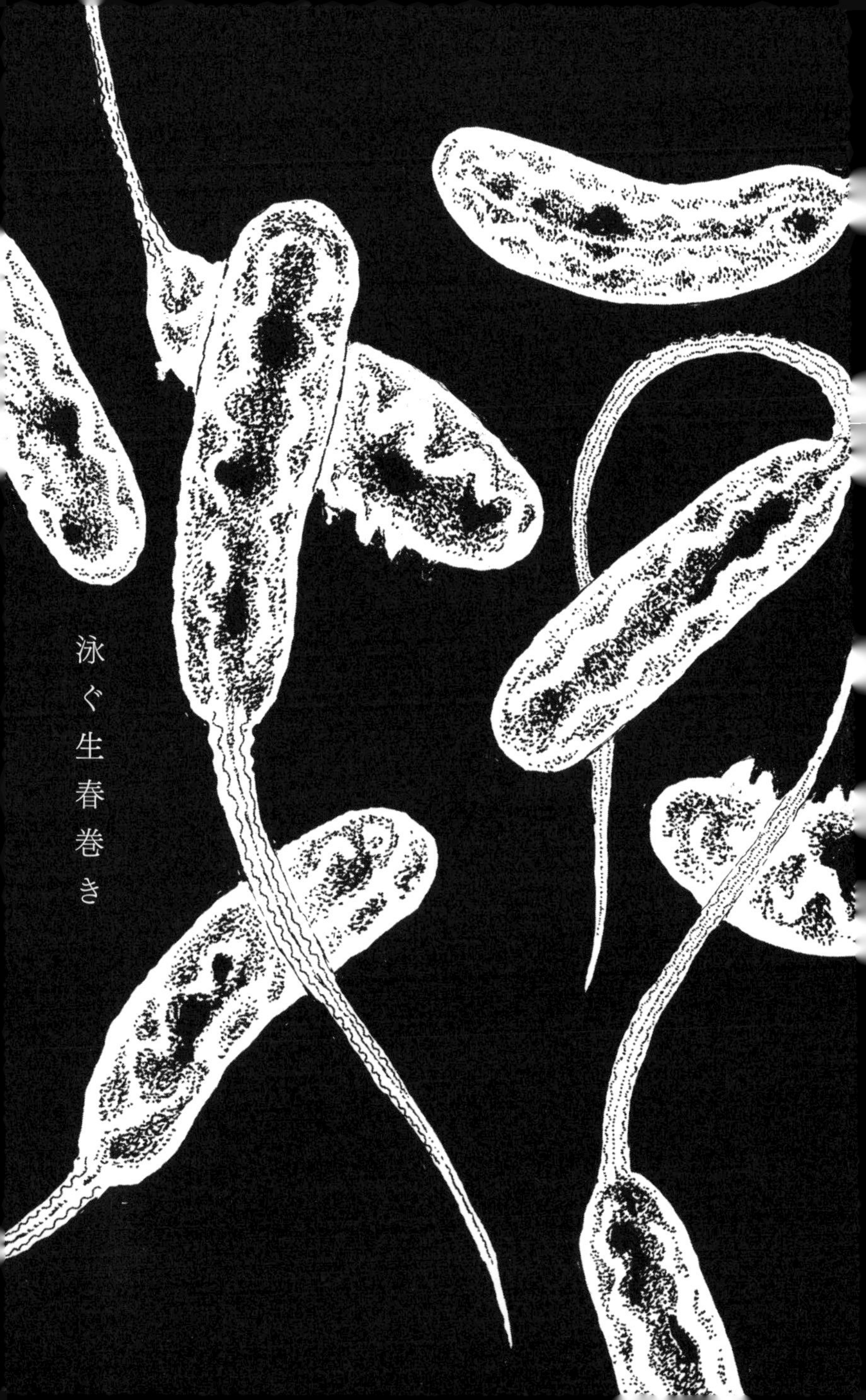
泳ぐ生春巻き

オオヘビガイ

Serpulorbis imbricatus

❖見つけやすい場所……海水浴場の近くの磯

自然愛好家の中にも、ヘビだけはどうしても苦手という人が多い。また、そういう人に限ってよくヘビを発見するものだ。並んで歩いていたのに、とつぜん、はるかかなたへ走り去ってしまう。先ほどまでその人が立っていたあたりに目を向けると、かわいいアオダイショウの幼蛇(ようだ)がいたりする。そのような人は、たいてい「ヘビ」という言葉のつく、ヘビ以外の自然物にも過敏(かびん)に反応するものだ。ヘビイチゴという文字を見ては肝(きも)をつぶし、ヘビトンボという言葉を聞いては耳を押さえるのである。

このオオヘビガイも、そのような生物のひとつであろう。しかも、ムカデガイ科ときている。いかにも危険そうな名前だが、じつは食用にもなる巻貝の仲間である。磯遊びをしているとたいがい見つかる普通種(ふつうしゅ)だ。決まった形を持たないが、とくによく目にするのは、とぐろを巻いた形のものだ。これを見た時、子どもはたいがい、「うんこみたい」と言い、大人はたいがい、「ヘビみたい」と言う。一度、「これはヘビの化石ですか?」と、真顔でご婦人に聞かれたことがある。

オオヘビガイは体を岩などに固定し、口から粘り気(ねばりけ)のある糸を出し、そこに付着した小さな生物などを食べている。巻貝であるのにフタを持たないことも大きな特徴(とくちょう)である。

科:ムカデガイ科

生息地:北海道(南部)、本州、四国、九州など

時期:ほぼ1年中

大きさ:殻長6cm前後

ナンコレ度 ★★☆☆☆

発見難易度 ★★☆☆☆

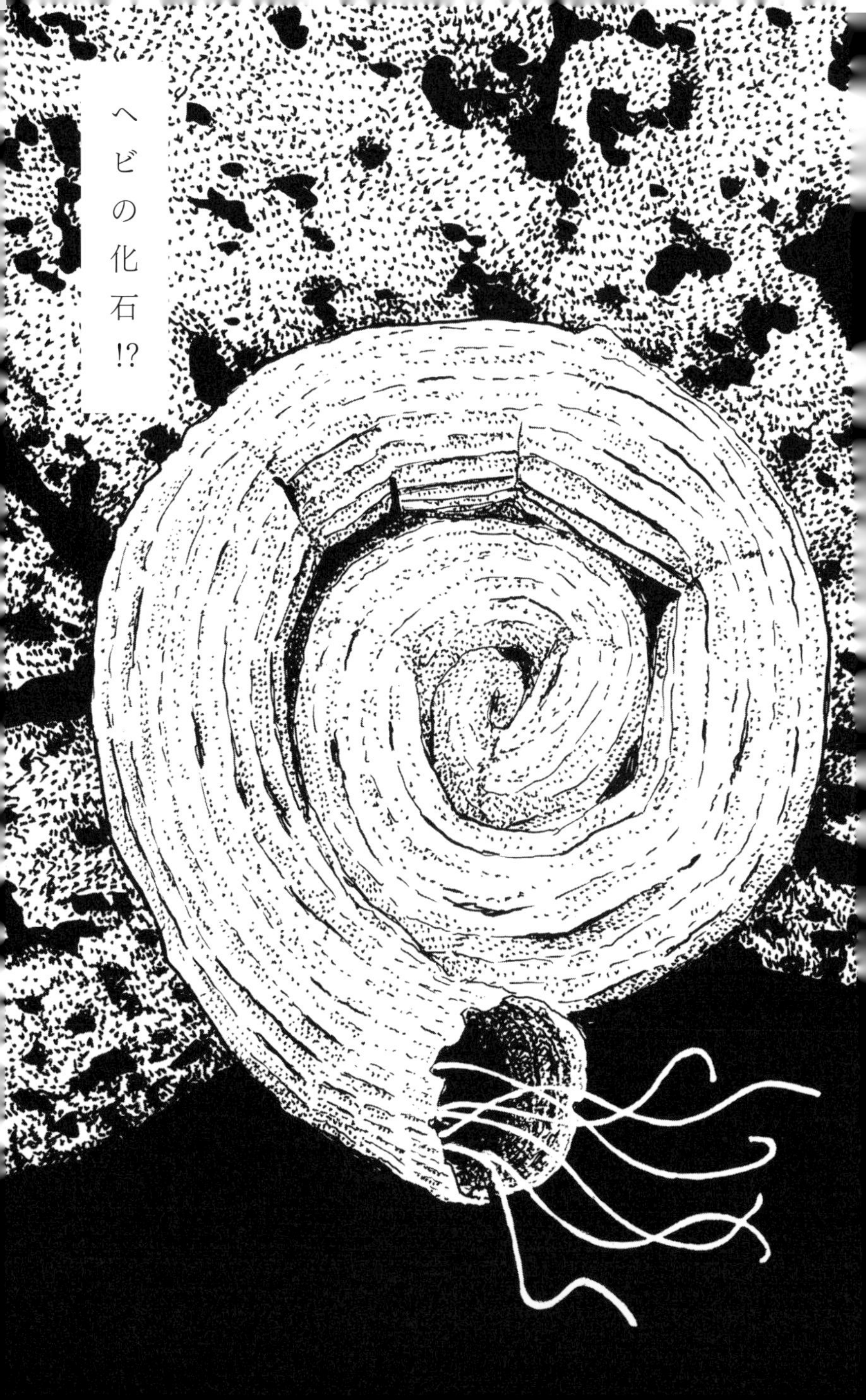
ヘビの化石!?

イラガの幼虫

Monema flavescens

❖見つけやすい場所……ケヤキ、カキノキ、ソメイヨシノ、イロハカエデなどの葉や幹
＊激痛が走り、皮膚炎を起こすので絶対にふれないこと

子どもの頃、自宅でイヌを飼っていた。そして、毎日のようにイヌを散歩に連れて行くのが私の役目だった。ある日の散歩中、イヌが公園の林に入ったとたん、公園中の人がふり向くような叫び声をあげてこちらに戻ってくると、わたしのまわりを頭がおかしくなったかのようにすごいスピードで走り出した。まだ小学生であった私はリードを離すまいと必死であった。いま思えば、イヌは林で、おそらくイラガの幼虫を強く踏んでしまったのであろう。

ガの幼虫はどれも毒を持っていると信じている人は意外に多い。しかし、実際にはごく限られた種類だけしか毒は持っていない。身近な場所では、チャドクガとともにこのイラガがその代表格である。イラガの幼虫はいろいろな樹木につくが、とりわけケヤキ、カキノキ、ソメイヨシノ、イロハカエデなどに多い。どれも都市公園や学校の校庭などによく植えられている種類だ。小さくて、美しい色のこの幼虫は、よく子どもがさわろうとするので要注意である。体全体に、まるで生け花で使う剣山のような毒針毛があり、それらにふれると電気ショックを受けたような痛みを感じ、皮膚炎を起こす。

もしもイラガの幼虫の毒針毛に刺されてしまったら、患部をまず水で冷やし、そのあと、抗ヒスタミンの軟膏を塗る。ふつう、症状は数日で治まるが、それでも良くならない場合は必ず病院に行くこと。近年は、よく似たヒロヘリアオイラガの幼虫も分布を広げている。こちらも危険生物であるため、要注意である。

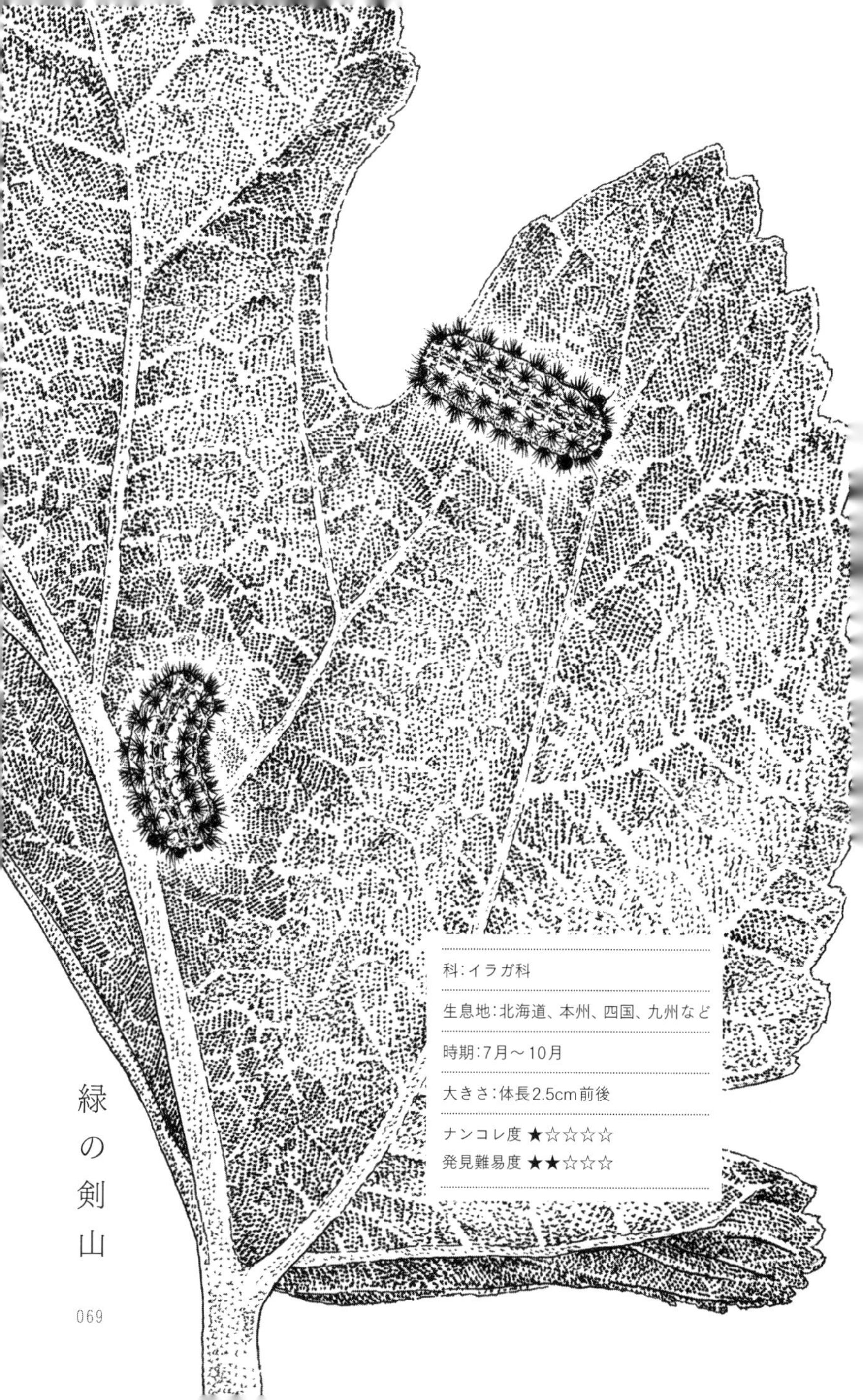
科:イラガ科
生息地:北海道、本州、四国、九州など
時期:7月〜10月
大きさ:体長2.5cm前後
ナンコレ度 ★☆☆☆☆
発見難易度 ★★☆☆☆
緑の剣山

オオスカシバ

Cephonodes hylas

❖見つけやすい場所……花壇、クチナシのまわり

神出鬼没の戦闘機

私が小学生のころ、自宅にはまだエアコンがついていない部屋が多かった。ある夏の日の午後、窓を開けて友だち三人と台所で話をしていた。すると突然、一ぴきの昆虫が飛び込んできた。室内のあちこちでホバリングをくり返しながら飛び回っている。

そのとき、面白いことに私たちは同時に別々の昆虫の名前を叫んだ。

私は「ハチ！」と言い、A君は「あっ、ツクツクボウシ！」と言い、B君は「トンボだ！」と叫(さけ)んだのである。しかし、残念ながら、全員間違いであった。正解はガだったのだ。なぜわかったかというと、私が急いで窓を閉め、勝手口に立てかけてあった虫取り網(あみ)でその虫を捕(つか)まえ、図鑑で調べたからである。

それは、オオスカシバという名前のガであった。三人の子どもがとっさに別々の昆虫の名前を叫ぶぐらい、このガはいろいろな昆虫に似ている。昆虫どころか、鳥類のハチドリに見える人もいるだろう。このガのはねは、羽化直後には鱗粉(りんぷん)がついているが、飛び回っているうちに、それらはほとんど落ちてしまい、ほぼ透明になってしまう。

日中、花から花へとホバリングをしながら蜜を吸うが、ハチの仲間に姿や行動を似せることで身を守っていると考えられている。幼虫はクチナシの葉などを食べる緑色または茶色のイモムシで、尾に一本のとげのような部分を持つ。しかし、これは単に天敵などをおどかすためなので、さわっても大丈夫である。

科:スズメガ科

生息地:本州、四国、九州など

時期:5月～9月

大きさ:翅開長5cm前後

ナンコレ度 ★★★☆☆
発見難易度 ★★★☆☆

アメンボ

Gerris aquarius paludum

❖見つけやすい場所……公園の池、学校のビオトープの池
＊毒はないが、素手で握ると針状の口で刺してきて軽い痛みを感じることがあるので、持つときは胴を素早くつかむこと

　夜、自動販売機にビールやジュースを買いに行ったとき、その明かりに「カにしては少し大きいなあ」と思う昆虫が来ているのを見たことがないだろうか。じつはそれはアメンボである場合が多い。アメンボは身近な場所にいるが、一般に知られていないことが多い昆虫だ。いくつかをクイズ形式で紹介してみよう。

問1　アメンボという名前の由来は？
正解　体から水アメのようなにおいを出すから

問2　ほかのどのような昆虫に近い？
正解　セミやカメムシ
問3　なぜ水面に浮くことができる？
正解　あしの先に細かい毛が密生して水をはじくため
問4　アメンボのあしは何本ある？
正解　四本のように見えるが、頭に下あたりに短い二本のあしがあり、合計六本
問5　どこで冬越しをする？
正解　水辺の落ち葉の下など

……きりがないのでこれでやめる

が、いったいいくつ正解できただろうか。アメンボについては知っているようで知らないことが多い。においもそのひとつ。アメンボが出すにおいは水アメのようだと言われるので、もし機会があればかいでみてほしい。ただし、私はファストフード店などでおなじみのフライドポテトや、コンビニエンスストアなどでよく見かける揚げせんべいのにおいのほうが近いと思っている。

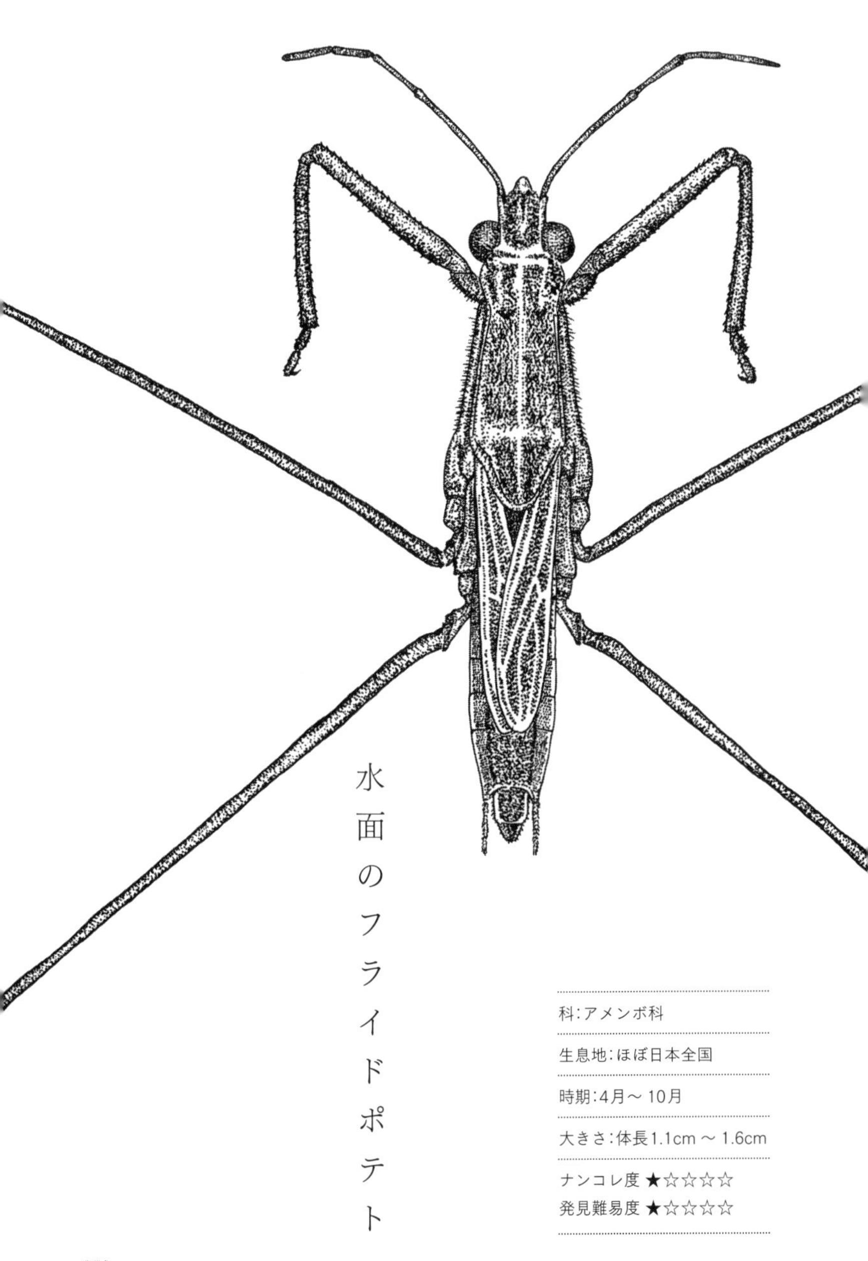

水面のフライドポテト

科：アメンボ科

生息地：ほぼ日本全国

時期：4月～10月

大きさ：体長1.1cm～1.6cm

ナンコレ度 ★☆☆☆☆
発見難易度 ★☆☆☆☆

2

模様や色がナンコレな生き物たち

"NANKORE" Creatures of odd design, colors

ジョロウグモ

Nephila clavata

❖見つけやすい場所……公園の植え込み、人家の庭

自然観察をしていると、テレビの特撮シリーズに登場した正義の味方や悪役の怪人・怪獣などに似た自然物をよく見つける。たとえば夏の朝、道端に咲いているツユクサの花は、ウルトラセブンなどに登場したイカルス星人の顔のようだし、花壇によくいるツマグロオオヨコバイの幼虫はメトロン星人のようである。オオブタクサの実がウルトラマンAの頭にそっくりだと感じるのは、私だけであろうか。

そして、このジョロウグモのメスの腹部腹面の模様を逆さまに見ると、ウルトラマンなどに登場した三面怪人ダダの顔に似ているのだ。秋の林に踏み込むと、あちらからもこちらからもダダが自分を見ているようで、不気味さとうれしさに鳥肌が立つ。

ジョロウグモのジョロウとは、遊郭の遊女をさす「女郎」ではなく、江戸時代の大奥の女中の役職名「上臈」のことであろうと言われている。昔の人々は、このクモの色彩を雅やかに感じたらしいのだ。クモという言葉を耳にしただけで逃げ出す現代人とは大違いである。金色に輝く三重構造の網の中心部にいる大きなクモがメス、そのまわりにいる小さなクモがオスである。このクモの網が重なり合うように林の空間を埋めているさまは、「空のバミューダ海域」とでも名づけたくなる。ここを無事通り抜けることのできるチョウやトンボは、まずいないだろう。

科：ジョロウグモ科

生息地：本州、四国、九州、南西諸島など

時期：9月～12月

大きさ：体長メス2～3cm、オス0.8～1cm

ナンコレ度 ★★☆☆☆　発見難易度 ★☆☆☆☆

裏庭のダダ

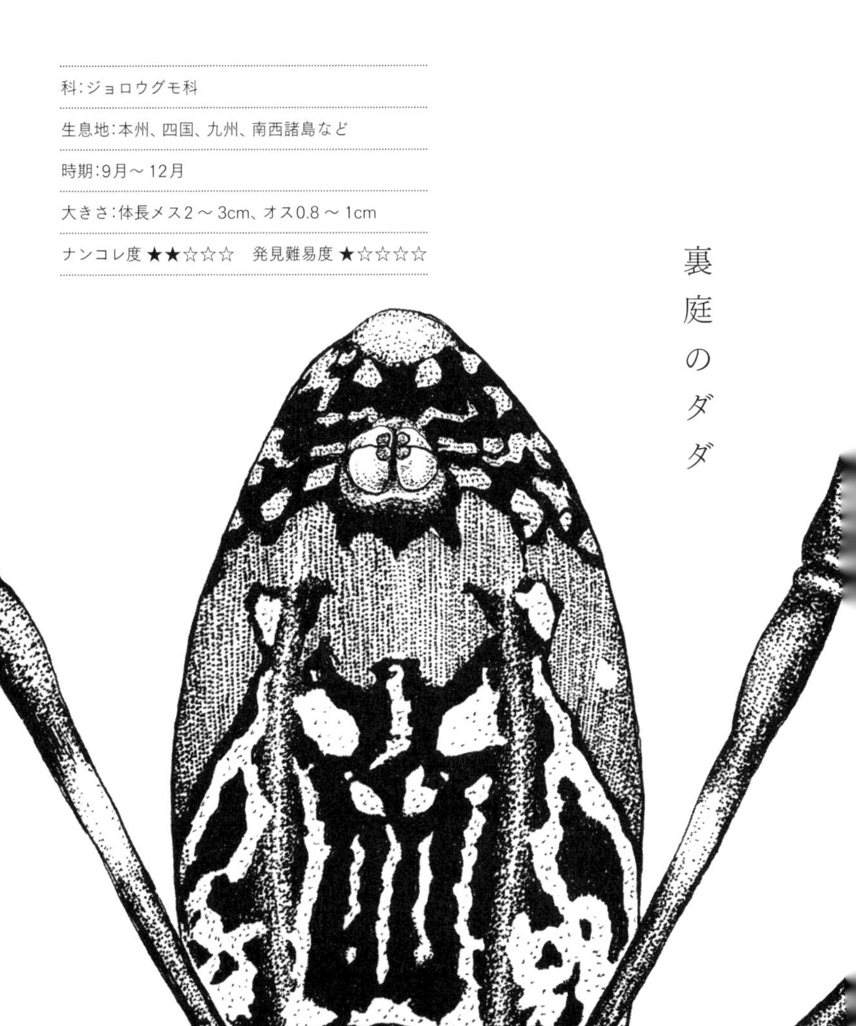

セスジスズメの幼虫

Theretra oldenlandiae

❖見つけやすい場所……学校農園、家庭菜園

　身近な場所から畑が少なくなったせいか、幼稚園や保育園の園庭、小学校の校庭の片隅などに畑を作って子どもたちの体験学習の場にしているところが多くなった。そこでは、農作物だけでなく、好むと好まざるにかかわらず、アオドウガネの幼虫、ミミズの仲間、アズマヒキガエルなど、いろいろな生き物にも親しむことになる。そして、体験学習中の子どもたちの歓声と悲鳴の原因のひとつとなるのが、このセスジスズメの幼虫である。

　セスジスズメは、戦闘機のようなスタイルが特徴のスズメガの一種である。成虫は地色が茶色で、背中に薄茶色の二本の筋があるためこの名前がつけられた。なかなか格好の良いガであるが、今回の主役はその幼虫である。畑のサツマイモ、花壇のホウセンカ、フェンスのヤブガラシなど、身近な場所に存在するいろいろな植物の葉を食べる。成長のスピードが速く、飼育していると朝と夜とで幼虫のサイズが明らかに違うこともある。初夏から秋にかけ発生をくり返し、蛹で越冬する。

　セスジスズメの幼虫は、チャコールグレーの地色に七つの黄色または朱色の眼状紋を持つ。これはヘビなどに擬態していると言われているが、明かりがともった電車の窓のようでもある。パンタグラフに見える尾角とセットで、まるで夜、一両で走る路面電車だ。眼状紋の奥に、家路につく人たちの笑顔が見える気がする。

会社、ご家庭、学校など、日常の中で「なんだこれ!?」と思う生き物はいませんか？　ぜひ、編集部あてに送って下さい。今回のコンテストは特別に、実際に見た生き物でも、いるかも知れないと思う生き物でもＯＫ！　絵の上手下手は関係ナシ。ユニークかつリアルさを基準に、わが編集部を「これはナンコレだ！」と思わせてくれた作品（100名様）に、ナンコレ賞として、キモかわいい＆かっこいい『ナンコレ生物図鑑』特製イラストシールをプレゼント！

◎応募要項

専用応募ハガキにナンコレ生物の名前、イラスト、簡単な特徴を描いてお送りください。筆記具・モノクロ・カラーは問いませんが、手書きに限ります。（1通にひとつの生物）

※個人情報は当コンテスト以外に使用いたしません。

◎送り先

〒112-0015　東京都文京区目白台２－14－13
株式会社旬報社　ナンコレ生物コンテスト係

◎締め切り

2015年10月30日（当日消印有効）

◎賞　品

ナンコレ賞100名（2015年11月中旬発送）
『ナンコレ生物図鑑』特製イラストシール

※入賞者の発表は賞品の発送をもって代えさせていただきます。

◎お問い合わせ先

旬報社ナンコレ生物コンテスト事務局：info@junposha.co.jp

※電話でのお問い合わせはご遠慮ください。

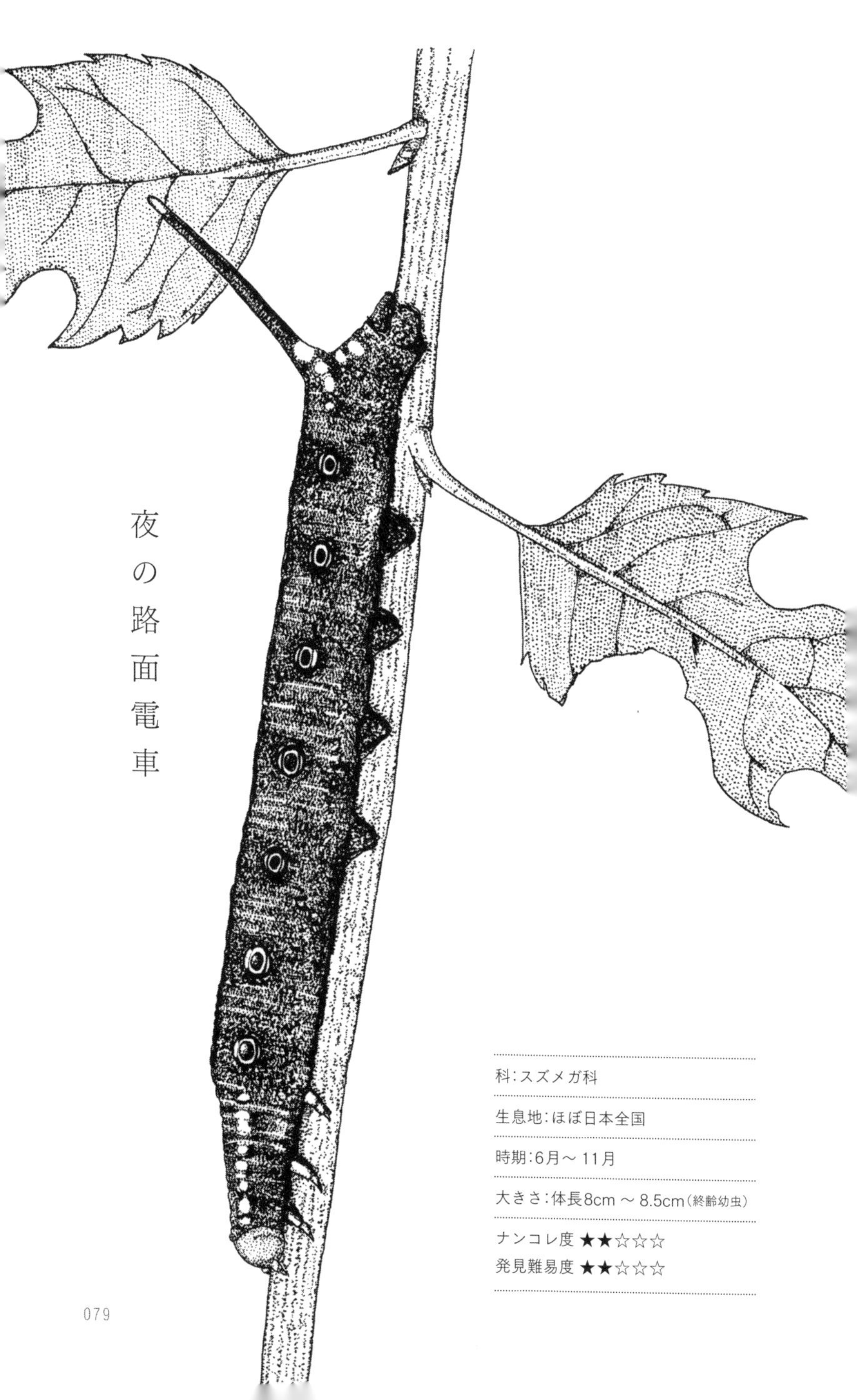

夜の路面電車

科：スズメガ科

生息地：ほぼ日本全国

時期：6月～11月

大きさ：体長8cm～8.5cm（終齢幼虫）

ナンコレ度 ★★☆☆☆

発見難易度 ★★☆☆☆

ノミバッタ

Xya japonica

❖見つけやすい場所……土が多く露出（ろしゅつ）した地面

身近な生き物の中には、「ああ、これがもう少し大きかったらかっこいいのになあ」と思うものがよくいる。たとえば、イトトンボの仲間。みな美しいのだが、とにかくどれもみな小さい。だからこそ趣（おもむき）深（ぶか）いのだという人もいるが、私はせめてアキアカネやナツアカネぐらいのサイズがあったら良かったのにと思ってしまう。

このノミバッタもそのような少し残念な昆虫だ。がっしりとした体つきといい、金属的な光沢のある色彩といい、まるでバッタのロボットの

ロボ・バッタ

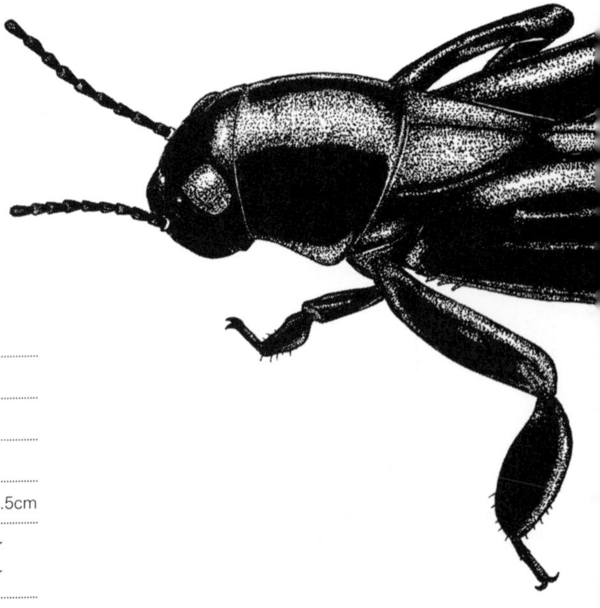

科：ノミバッタ科

生息地：ほぼ日本全国

時期：4月～10月

大きさ：体長0.4cm～0.5cm

ナンコレ度 ★★★☆☆

発見難易度 ★☆☆☆☆

ようである。私なら「ロボ・バッタ」と名づける。動くたびに、「シャキーン、シャキーン」と音が聞こえてきそうである。これが、もし、トノサマバッタぐらいの大きさであったら、世界中の昆虫好きの人気の的になるだろう。

ノミバッタは、ノミのように小さく、ノミのようにジャンプ力があるため、その名がつけられた。しかし、じつは穴掘りも上手で、泳ぎもうまい。昆虫界の万能アスリートでもあるのだ。さまざまな植物を食べ、ふだんは土の中でくらしている。ほぼ日本全国で、春から秋にかけて見られる。小学校にある小さな畑や、大きめの植木鉢の中などにもいることがあるので、少し注意を払えば見つけることは難しくない。

ビロードハマキ

Cerace xanthocosma

❖見つけやすい場所……樹木のよく茂った場所

地球上にはすばらしい民芸品がたくさんある。ロシアのマトリョーシカ、インドネシアの木彫り、日本に目を向けても長野県の鳩車、東京都の犬張子など数え上げたらきりがない。それらの中で忘れてはならないのが、ケニアのマサイ族のお面である。形も色彩も、じつに美しく、また神秘的だ。

そして、このお面をすごく小さくしたような生き物が、道路脇の植え込みの中などにいて、思わず見入ってしまうことがある。

この生き物の正体は、ビロードハマキというガの一種だ。とにかく摩訶不思議な姿をしている。まず目を引くのがその色彩。上面は黒地に赤い帯が二本入り、それらのまわりにはクリーム色の無数の斑点が散らばっている。下面はほぼ一面がオレンジ色である。

次に目を引くのがその形だ。楕円形で、どちらが頭でどちらが尻かわからない。さらにその質感も目を引く。木彫りのような感じで生き物らしくないのだ。

そして、もっとよく観察しようと顔を近づけると、はねを開き、飛び去るのである。

ビロードハマキの幼虫はスダジイ、シラカシ、ヤブツバキ、イロハカエデなど、さまざまな広葉樹の葉を食べる。成虫は年二回発生する。かつては近畿地方に多く、関東地方ではまれであったが、近年は東京都心部でもかなり増えている。

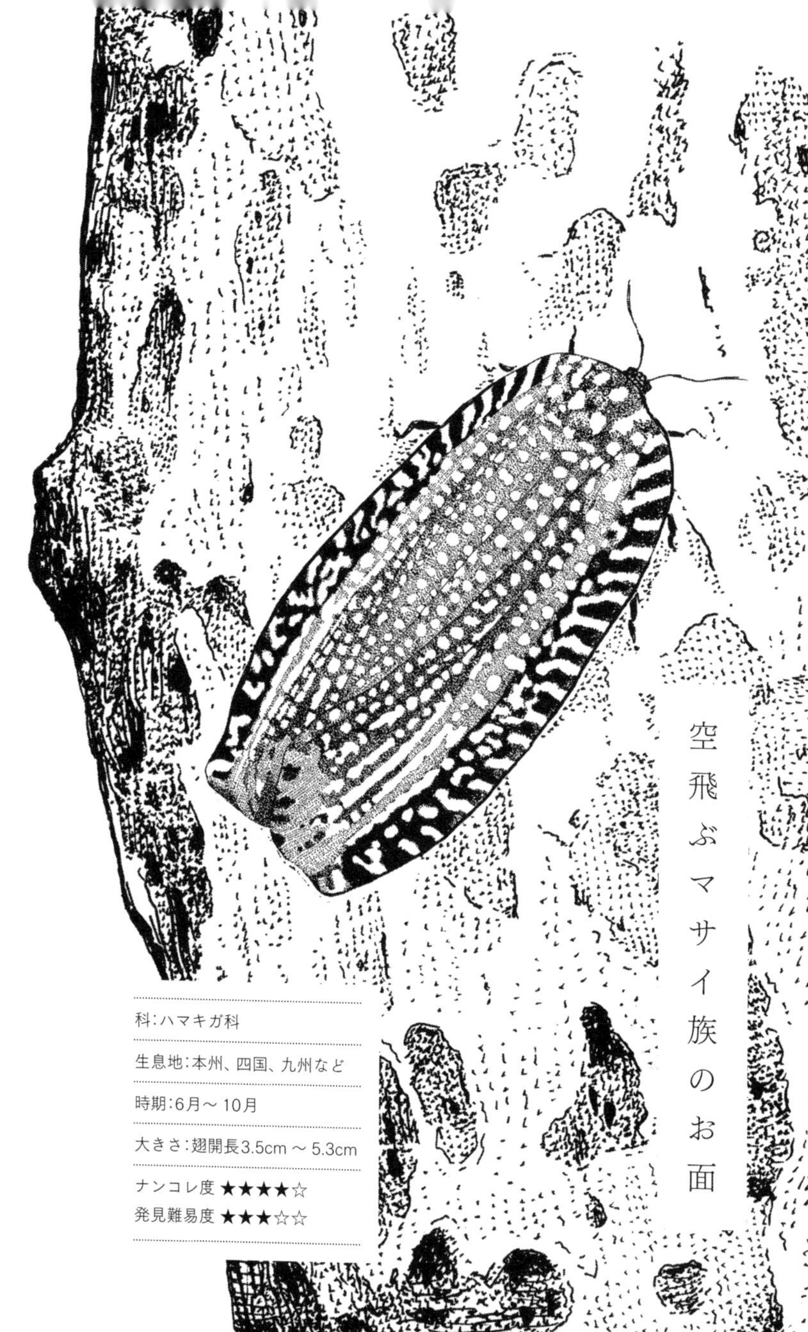

空飛ぶマサイ族のお面

科:ハマキガ科

生息地:本州、四国、九州など

時期:6月～10月

大きさ:翅開長3.5cm～5.3cm

ナンコレ度 ★★★★☆
発見難易度 ★★★☆☆

エサキモンキツノカメムシ

Sastragala esakii

❖見つけやすい場所……ミズキなどの葉や幹

自然観察の仕事を長くしていると、時折、少し変わったリクエストを受ける。たとえば、「二時間カラスの話だけをして下さい」とか、「危険生物だけの観察会を開いて下さい」などど。最近驚いたものは、女性のグループから、「カメムシだけを探す会をしていただけませんか」というものである。くさいイメージが強く、どちらかというと人気のないカメムシという生き物に、しかも、女性がスポットライトを当ててくれたことに感動した私は、この依頼(いらい)を快諾(かいだく)した。

彼女らに、事前に「いちばん会いたいカメムシはなんですか?」というアンケートをとったところ、じつに参加一五名中、一三名がエサキモンキツノカメムシの名前をあげた。トランプのハートのエースのように、背中のほぼ中央に大きなハートマークのあるこのカメムシは、女性に人気がとても高いのである。私は観察会のタイトルを「ハートのエースが出てこない」にした。今、頭の中で例のメロディが流れた人はおそらく昭和生まれであろう。

エサキモンキツノカメムシは、都会でも見かける身近なカメムシだ。見かけ上の最大の特徴は背中の大きなハートマーク。トランプだと赤いが、この虫では黄色い。そしてメスは、ほかの種類のカメムシにはほとんど見られない習性を持つ。産んだ卵を守るのだ。外敵が近づくと、自分の体の下に隠すのである。しかも卵からかえった幼虫のそばにもしばらくのあいだいる。この、どこか母性を感じる行動も女性の心をとらえて離さないのだろう。

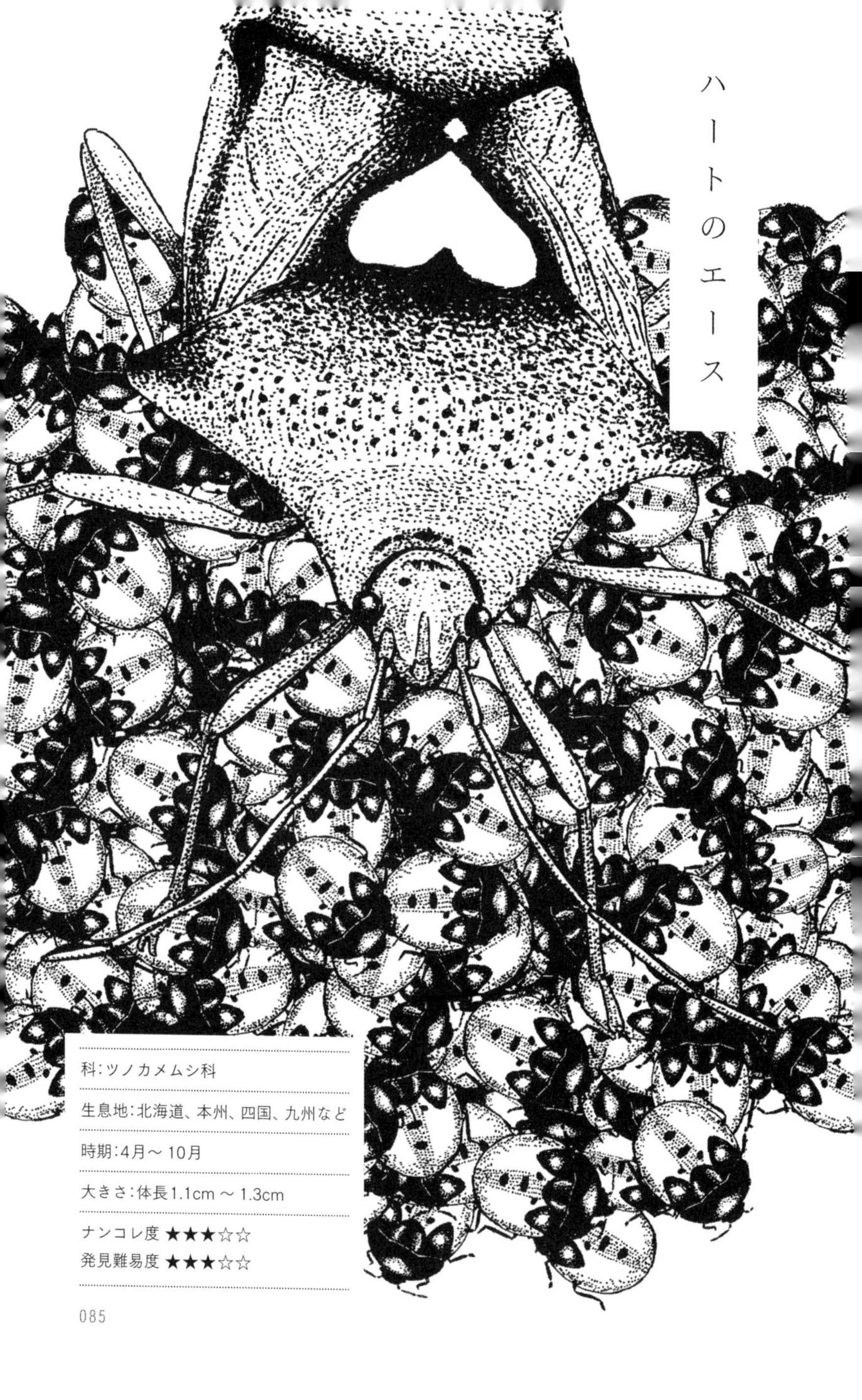

ハートのエース

科：ツノカメムシ科

生息地：北海道、本州、四国、九州など

時期：4月～10月

大きさ：体長1.1cm～1.3cm

ナンコレ度 ★★★☆☆

発見難易度 ★★★☆☆

アオウミウシ

Hypselodoris festiva

❖見つけやすい場所……海水浴場の近くの潮だまり

幼児から老人まで、生き物と鉄道が両方好きだという人がけっこう多い。私もそのひとりである。子どもたちの前で生き物の話をする機会がよくあるのだが、必ず鉄道の話題を混ぜるようにしている。なぜなら、子どもたちがよりいっそう話に夢中になってくれるからである。

野生の生き物の中には、鉄道マニアが喜ぶ名前や姿のものも少なからずいる。この本にも登場した、線路に似た形のマクラギヤスデ（三二ページ）、夜の路面電車のようなセスジスズメの幼虫（七八ページ）などだ。〝重症患者〟になるとヒラタクワガタの色を見ただけで蒸気機関車を思い出すらしい。そういう私はアオウミウシを見るとなぜか異常な胸の高鳴りを覚える。最近その理由が判明した。この生き物の色彩が、どことなくJRの寝台特急用客車のブルートレインに似ているからだ。

アオウミウシは、数ある日本のウミウシの仲間の中で、最もよく知られている種である。

夏休みに家族連れで出かけるような海岸の岩場などにもいる。体は扁平で長く、全身が鮮やかな青色で黄色い模様が入っている。ウシの角のような触角は赤色で、外エラは白に赤い縁取りがある。この派手な姿は、捕食者から身を守る警戒色である。クロイソカイメンなどを食べ、春から夏にかけ、岩などの上に白いリボン状の卵を産む。

日本では鉄路のブルートレインはほぼ〝絶滅〟してしまったが、潮だまりのブルートレインは、うれしいことにまだまだ健在である。

潮だまりのブルートレイン

科:イロウミウシ科

生息地:本州、四国、九州など

時期:ほぼ1年中

大きさ:体長3cm前後

ナンコレ度 ★★★☆☆
発見難易度 ★★★☆☆

シーボルトミミズ

Pheretima sieboldi

❖見つけやすい場所……切り通しの端、道路の側溝

大分県大分市郊外の住宅地に隣接した緑地で、ときおり自然観察イベントをおこなう。あるとき、林の中の小道を歩いていると、突然、長くて青いものが何びきも目の前の地面に現れた。地元の子どもたちは口々に「山ミミズだ、山ミミズだ」と言い、次から次へと素手で捕まえている。自然観察会のリーダーのほとんどは東京から来たため、西日本に多いその生き物をあまり見たことがなく、あっけにとられてその様子を眺めていた。

「山ミミズ」は子どもたちにはなじみ深い生き物らしく、さほど驚いた様子もなくしばらくさわっていたが、飽きてしまったとみえ、また地面に置いてしまった。私は、そのほぼ全身が深い青色の生き物を見ているうちに、なぜか、顔を青く塗った世界的なクリエイティブ集団「ブルーマン」を思い出していた。

この生き物の名前はシーボルトミミズという。江戸時代に来日したドイツの医者であり博物学者でもあるフィリップ・フランツ・フォン・シーボルトが持ち帰った標本によって記載されたため、この名前がつけられた。

日本固有種で、体長が四〇センチほどにもなる日本最大級のミミズである。ふだんは林の落ち葉の下などに隠れているが、なんらかの原因により地上に出て、意外に速いスピードで移動していることもある。切り通しの端、道路の側溝などでよく見かける。和歌山県や四国などではカンタロウと呼ばれている。ときおり大量に発生するのだが、その原因はまだよくわかっていない。ミステリアスな巨大ミミズである。

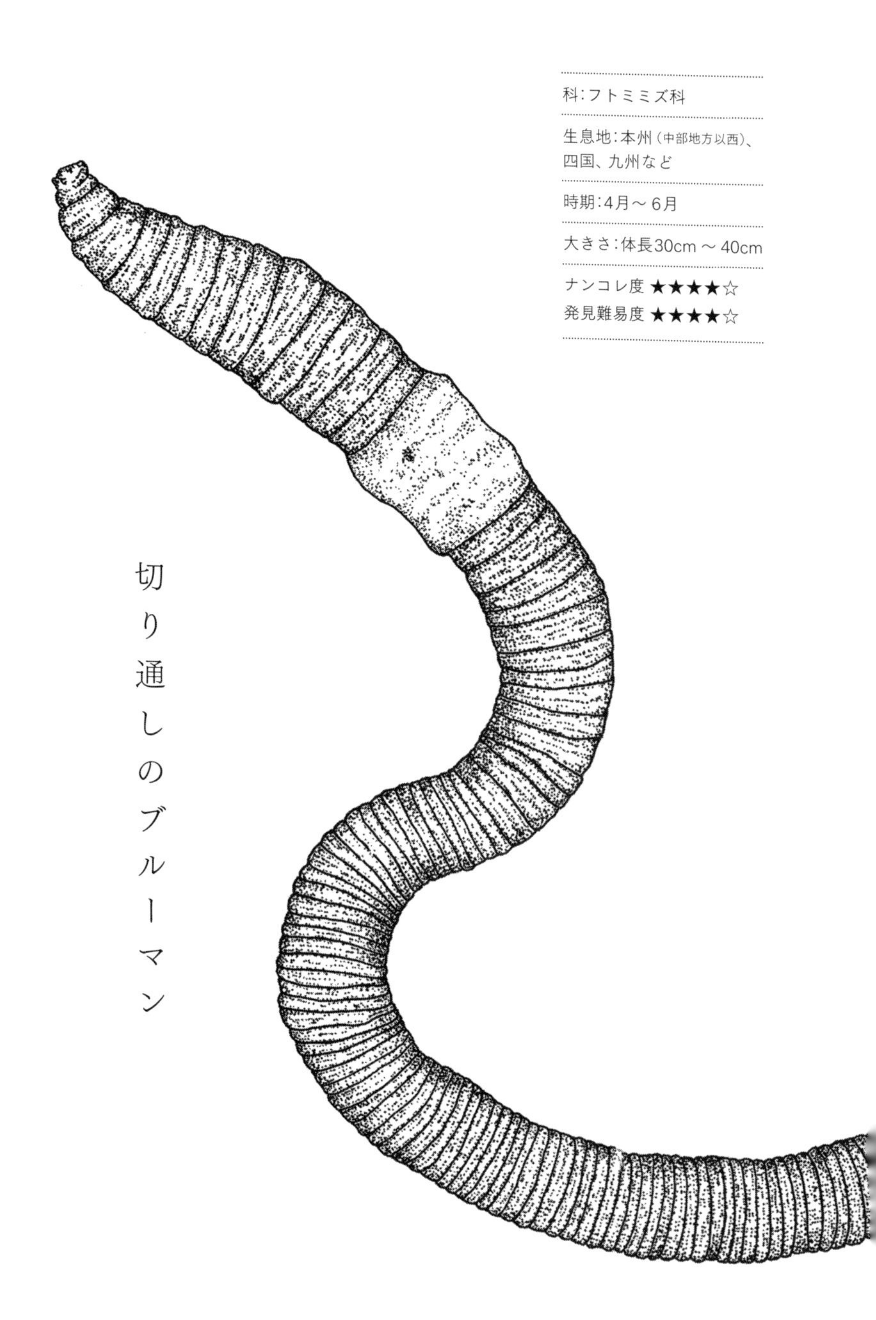

科:フトミミズ科

生息地:本州(中部地方以西)、四国、九州など

時期:4月～6月

大きさ:体長30cm～40cm

ナンコレ度 ★★★★☆

発見難易度 ★★★★☆

切り通しのブルーマン

ジンガサハムシ

Aspidomorpha indica

❖見つけやすい場所……ヒルガオの葉

生き物の名前には、現代人がよく知らない言葉が使われていることが多い。たとえば、この本でも取り上げたオオミスジコウガイビル（四五ページ）のコウガイ（笄）とは、昔の女性の髪飾りのことであるし、干潟の野鳥ホウロクシギのホウロク（焙烙）とは、豆やお茶を炒ったり蒸したりするときに使う素焼きの土鍋のことである。

　このジンガサハムシのジンガサ（陣笠）もそのような言葉のひとつで、昔、武士が使った塗笠のことだ。生き物に詳しくなるということは、歴史、文化、言語などにも詳しくなるということでもある。

　ジンガサハムシは形が陣笠に似ているためにこの名前がつけられたが、じつは形よりも目立つのは色である。日本の美しい昆虫の代表といえるヤマトタマムシがダイヤモンドの輝きであるならば、このジンガサハムシは金塊の輝きである。まさに黄金色なのだ。そして、大きさといい、形といい、色といい、はっきり言って金歯に似ている。葉の上にとまっていれば、金歯が葉にのっているように見え、空を飛んでいれば、金歯が飛んでいるように見える。

　しかし、残念なことに、死んでしまうとその輝きは失せてしまう。また、生きた成虫でも、黒褐色型と呼ばれる渋い色彩の個体もいる。金閣寺よりも銀閣寺に美を感じる人には、こちらのタイプをおすすめしたい。ヒルガオの葉に虫食いあとがたくさんあれば、そこにいる可能性が高いので、葉の裏と表を丹念にチェックしてみよう。

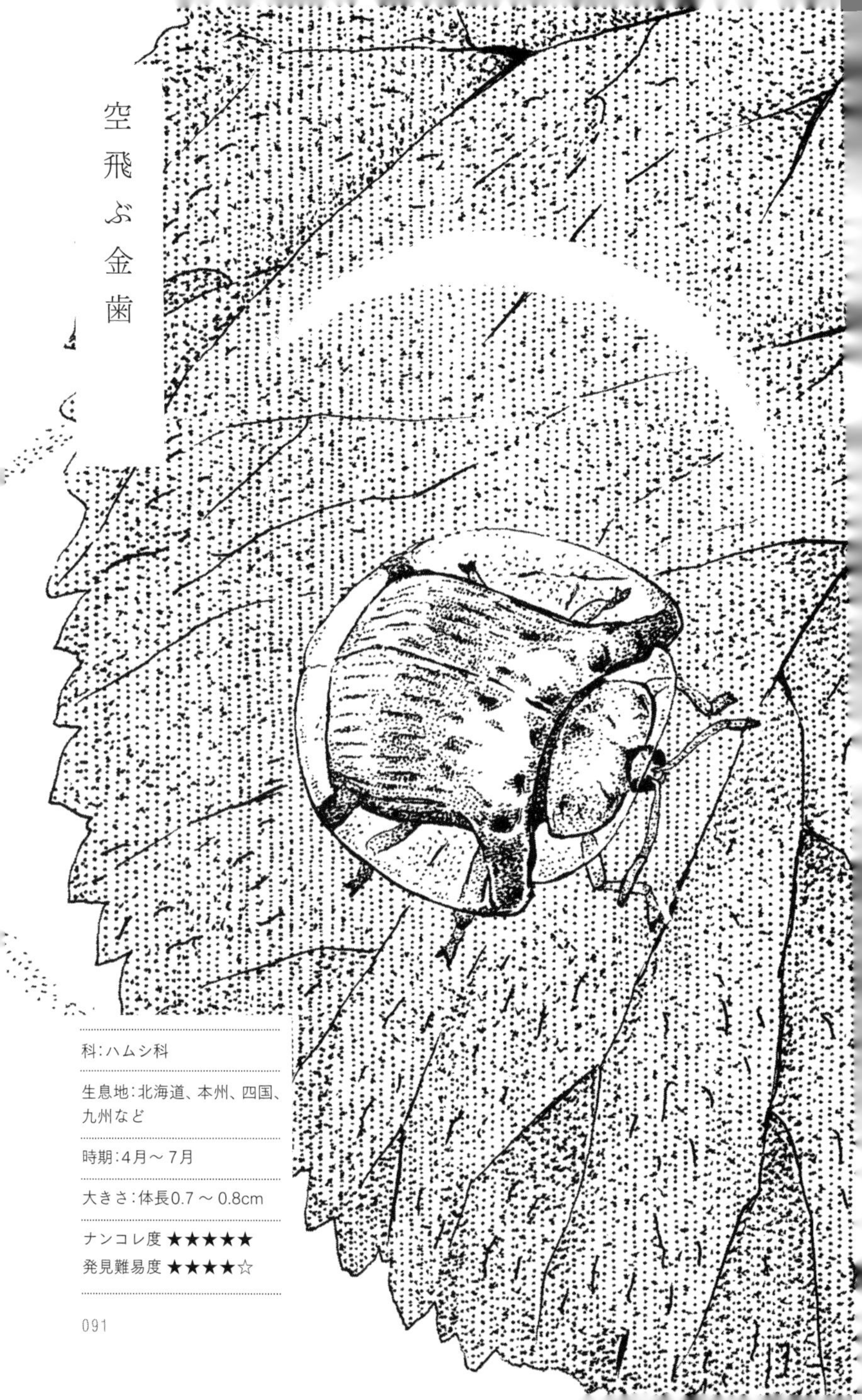

空飛ぶ金歯

科:ハムシ科

生息地:北海道、本州、四国、九州など

時期:4月〜7月

大きさ:体長0.7〜0.8cm

ナンコレ度 ★★★★★
発見難易度 ★★★★☆

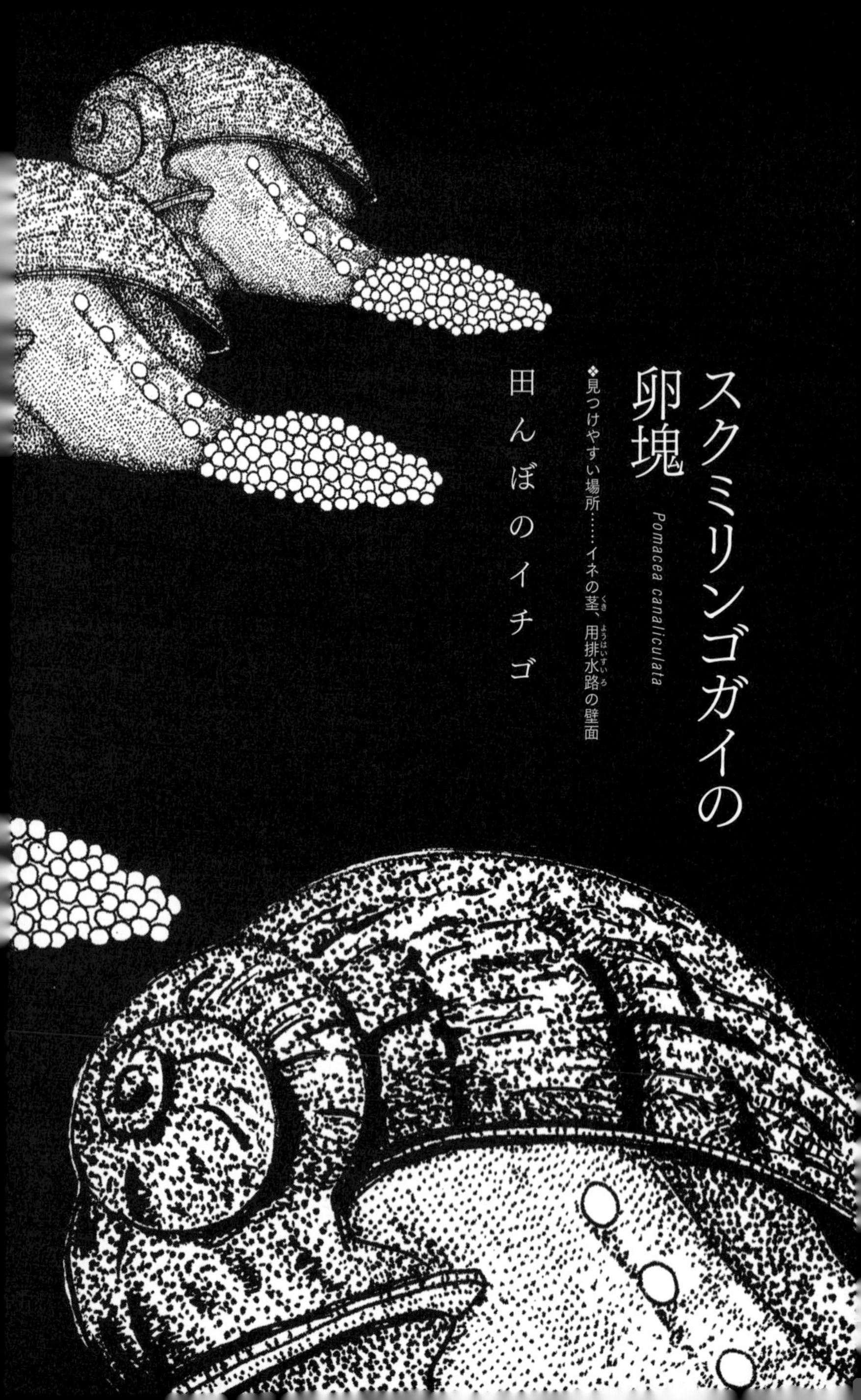

スクミリンゴガイの卵塊

Pomacea canaliculata

❖見つけやすい場所……イネの茎、用排水路の壁面

田んぼのイチゴ

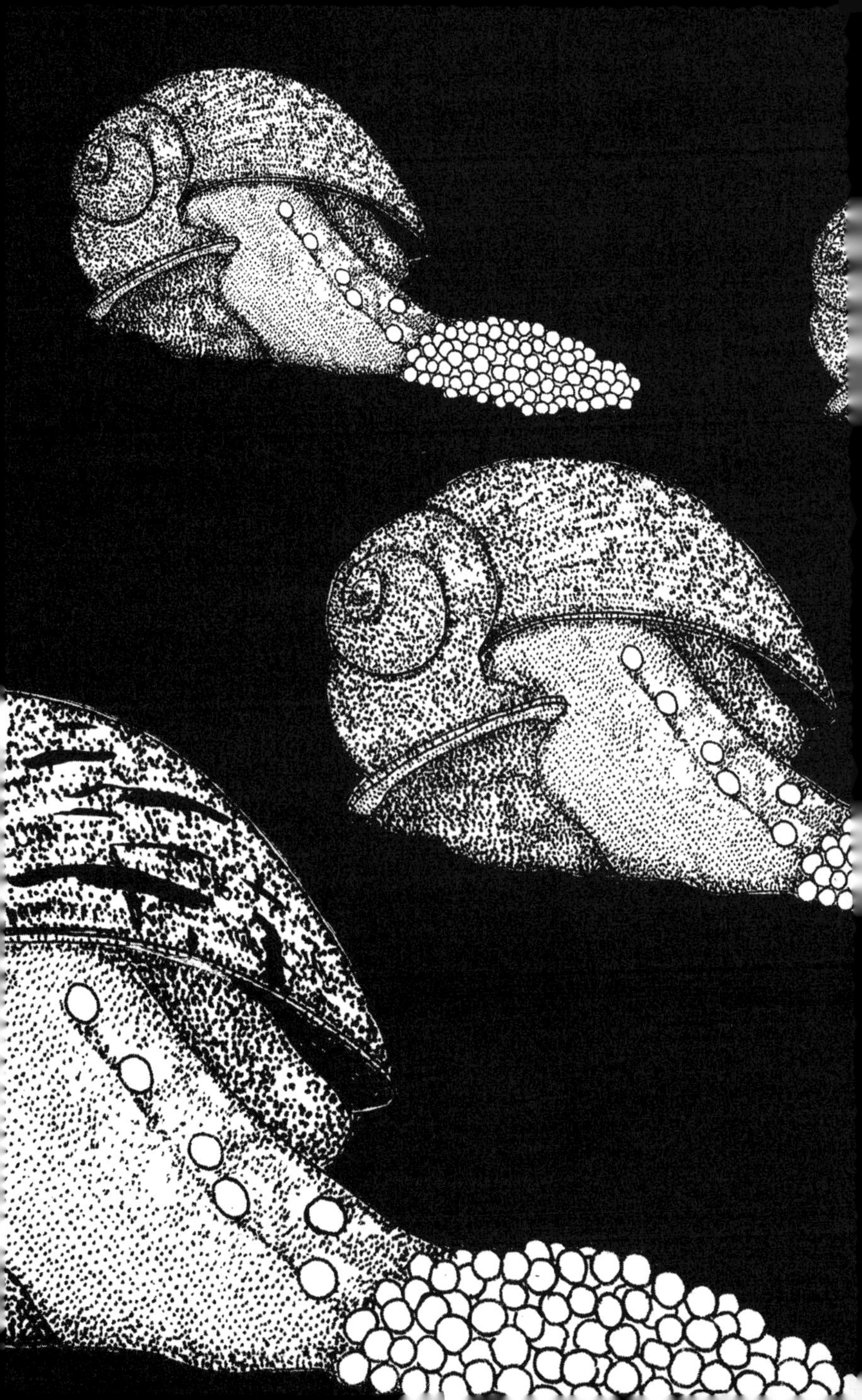

初夏、テレビ番組の仕事で千葉県成田市の水田地帯にカエルの仲間の撮影に行ったときのことである。広々とした水田のいたるところに、直径二ミリほどの赤い粒の塊がついている。イネの茎、杭、トタン、水路の壁などに数え切れないほどあり、「まるでイチゴ畑のようですね」と番組のディレクターが言った。

水田をイチゴ畑のようにしていたものの正体は、スクミリンゴガイの卵塊である。スクミリンゴガイは中南米原産の外来生物で、一九八〇年ごろに台湾経由で日本に持ちこまれた。食用にするためである。

しかし、需要は考えられていたほどはなく、放置された養殖場から逃げ出し、一九八三年ごろから各地で自然繁殖を始めた。現在、日本全土のおよそ半分までに広がり、イネやレンコンなどに食害をおよぼし、問題となっている。

スクミリンゴガイは殻高八センチほどにもなる大きな淡水貝で、「ジャンボタニシ」と呼ばれることも多い。メスは主に夜間、水上で産卵を行なう。ひとつの卵塊には二〇〇から三〇〇個もの卵が集まっている。スクミリンゴガイの卵がなぜこのような目立つ色をしているのか、現在のところはっきりとはわかっていないが、捕食者が嫌う毒やにおいなどがあることを示す警戒色ではないかとも言われている。「水田のイチゴ畑」は、きっと今年もあちこちに出現するだろう。

科：リンゴガイ科

生息地：本州（関東地方以南）、四国、九州、沖縄など

時期：4月～11月

大きさ：長さ3cm～6cm

ナンコレ度 ★★★☆☆

発見難易度 ★★☆☆☆

ナンコレ生物の集め方

＊

1. 釜飯(かまめし)トラップ

略して「釜トラ」。JR信越本線横川駅の名物、おぎのやの「峠(とうげ)の釜(かま)めし」。じつは、この益子焼の器で「ナンコレ生物」を集めることができるのである。中身をおいしくいただいたあとは、本体とフタをよく洗って乾(かわ)かす。普通の人はこれを家庭の釜飯(かまめし)作りに使ったり、小物入れに使ったりするが、私は違う。春から秋にかけ、森や林の落ち葉の多い地面に、移植ごてを使い、口が地表を同じぐらいの高さになるように埋める。中に腐(くさ)りかけた豚レバーや魚のあらなどを少し入れ、最後に3分の2ぐらいがふさがるようにフタを置く。半日ほどして見にいくと、いろいろな生き物がたくさん入っているのだ。

2. スーパーバナナトラップ

略して「スパバナトラ」。うっかりバナナを傷ませても、それが春から秋にかけてなら捨ててはもったいない。パンティストッキング、はさみ、アルコール度数の強い酒、黒酢(くろず)を用意し、クヌギやコナラなどが生えている場所へ。まず、はさみでパンティストッキングを2本に切り分け、片方に皮をむいたバナナを入れ、クヌギやコナラの幹に巻きつける。バナナを小石などで少しつぶして酒を多めにかけ、続いて黒酢(くろず)を少々かければ完成だ。もう片方も同様に。いろいろな生き物が集まるが、ムカデの仲間やスズメバチの仲間が来ていることもあるので、よく確認してから近づくようにしてほしい。

※いずれのトラップも、自然保護などの視点から観察後や採集後には必ず片づけること

アカスジキンカメムシの幼虫

Poecilocoris lewisi

❖見つけやすい場所……落ち葉の下、さまざまな樹木の葉の上

　世の中にはいろいろな人がいる。私の友人には、カメムシのにおいをかぐのが好きという人がいる。この友人の話によれば、何度もかいでいるうちに、そのにおいが少しずつ好きになってくるというのだが、残念ながら私はまだその境地に達していない。ただ、カメムシの中には、たいていの人がいい香りと感じるにおいを出す種類も少しはいる。

　たとえば、ニシキギという木によくいるキバラヘリカメムシは、青リンゴのようなさわやかなにおいを出す。リンゴ酢のにおいにも似ている。私は、このカメムシを見つけると、わざわざ捕まえてにおいをかぐほどだ。一ぴきつまみ、鼻に近づけながらミネラルウォーターを飲めば、リンゴジュースを飲んでいる気分にさえなれる。

　アカスジキンカメムシの成虫は体長一・六センチから二センチほどの、光沢のある緑色の地に赤い筋の入った、なかなか美しいカメムシである。ただ、この本で紹介したいのはその幼虫だ。成虫よりも一回りか二回り小さく、こげ茶色の地に白い模様がある。この白い部分が大笑いしている人の顔に見えるのだ。ワライカワセミならぬ、笑いカメムシである。幼虫で冬を越し、五月ごろに成虫となる。

　ちなみに、アカスジキンカメムシは、成虫も幼虫もにおいをかぐことはおすすめしない。

笑いカメムシ

科：キンカメムシ科

生息地：本州、四国、九州など

時期：10月～4月

大きさ：体長1cm前後

ナンコレ度 ★★☆☆☆
発見難易度 ★★☆☆☆

カツオノエボシ

Physalia physalis

❖見つけやすい場所……外洋に面した海水浴場

＊刺されると激痛があり、最悪の場合は呼吸困難におちいり死亡することもあるので絶対にふれないこと。また、海で泳いでいて見かけたら、ただちに陸に上がること

渚の散歩は、美しい貝殻を拾ったり、見慣れない木の実を見つけて遠い外国に思いをはせたり、なかなか楽しいものである。しかし、もし砂浜に万年筆やボールペンの青インクのようなものがあったら、絶対にふれてはならない。ビーチサンダルをはいた足で蹴ってもいけない。

それは、カツオノエボシという危険な生き物である可能性が高いからだ。カツオが本州の太平洋岸にやってくるころに姿を見せ、また小さなビニール袋のような浮き袋の形が昔の人がかぶっていた烏帽子に似ているため、この名がつけられた。別名を「電気クラゲ」といい、浮き袋の下にある触手という青いヒモのような部分にふれると、まるで電気ショックを受けたかのような激しい痛みを感じ、やがて赤紫色に腫れ、最悪の場合には呼吸困難で死亡する。また、最長で五〇メートルほどにもなるという触手に泳いでいるときにからまってしまい、溺死する可能性もある。

春から秋にかけて、南風の強い日、または強かった日の翌日に本州以南の太平洋側の海や海辺に行くときには、とくに注意が必要である。風を受けたカツオノエボシが、海岸近くの水面を漂っていたり、海岸に打ち上げられていることが多いからだ。

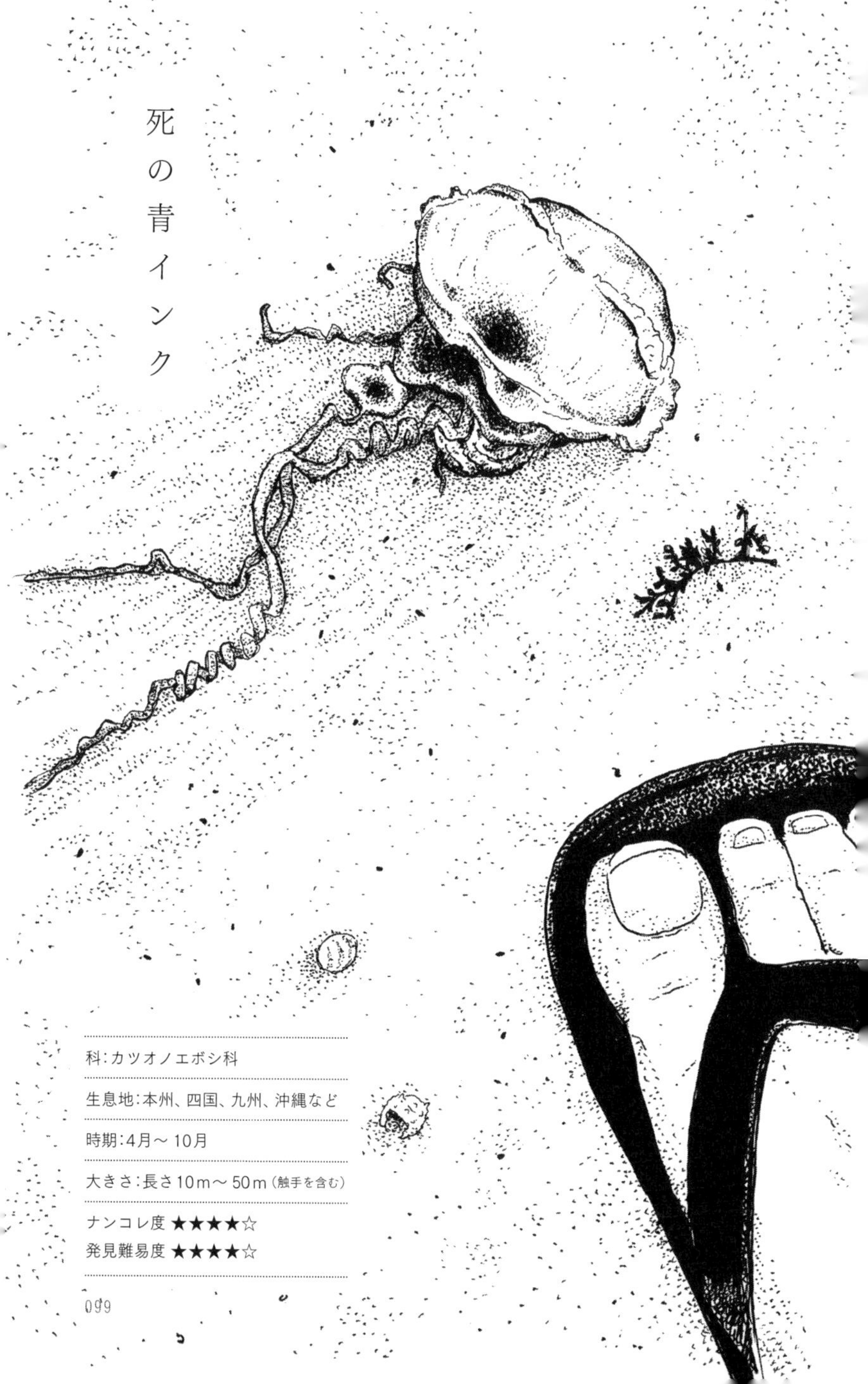

死の青インク

科:カツオノエボシ科

生息地:本州、四国、九州、沖縄など

時期:4月～10月

大きさ:長さ10m～50m(触手を含む)

ナンコレ度 ★★★★☆
発見難易度 ★★★★☆

モノサシトンボ

Copera annulata

❖見つけやすい場所……樹木に囲まれた池のほとり

生き物の名前の由来には、冗談ではないだろうかと思うものがよくある。たとえば、トンボ。棒のような形のものが飛んでいるので、「飛ぶ棒」が転訛してトンボになったのだとか、水田によくいるので、「田んぼ」が転訛してトンボになったのだとかと言われている。どこまでが本当なのかはわからないが、落語会の大喜利の名回答のようで、聞いているだけで楽しくなってくる。

このモノサシトンボは、名前の通り、腹部に物差しの目盛りのような淡い紋がある。やや暗い場所を好むため、池の近くの林の中などをゆっくりと飛んでいると、小さな物差しが宙に浮かんでいるように見える。

モノサシトンボは、イトトンボの仲間で、この仲間の見かけの特徴のひとつである左右離れた複眼を持っている。樹林に囲まれたやや暗い、水草の多い池や沼でよく発生する。メスとオスとでは体色が異なり、メスは黄色っぽく、オスは緑色っぽい。オスは朝方にメスを探し、交尾をする。このときの形は、イトトンボの仲間の多くがそうであるように、ハート形である。産卵はメスとオスが連結したまま、水面の植物の組織の中におこなう。

余談ではあるが、いつかトンボ鉛筆さんから、会社のロゴマークであるトンボの絵が入った小さな物差し、「ものさしトンボ」を発売してほしいと個人的に思っている。

宙に浮かぶ物差し

科：モノサシトンボ科

生息地：北海道、本州、四国、九州など

時期：４月～10月

大きさ：体長3.8cm ～ 5.1cm

ナンコレ度 ★☆☆☆☆
発見難易度 ★★★☆☆

ヒラズゲンセイ

Cissites cephalotes

❖見つけやすい場所……広葉樹林のまわり
＊素手でさわらないこと

兵庫県姫路市の公園で自然観察会の下見をしていたときのことである。仲間たちと林に囲まれた広場を歩いていると、突然赤いものが視界に入ってきた。それはほぼ全身が鮮やかな赤い色をした、クワガタムシの仲間に似た昆虫であった。この昆虫の名前を知らない人でも、毒々しい色といい、怪獣のような形といい、素手でつかまないほうが良いということは直感的にわかるだろう。

この昆虫はヒラズゲンセイという。どこか天狗のお面とか、獅子舞の頭などを思わせる赤色をしている。オスは大あごが発達していて、メスは大あごが小さく頭も小さい。体液にカンタリジンという物質が含まれており、皮膚につくとかぶれや水ぶくれを起こすので、けっして素手でさわってはならない。

ヒラズゲンセイの成虫は、キムネクマバチの巣に産卵し、そこでかえった幼虫は、キムネクマバチの成虫が運んできた花粉団子を食べている。このとき、キムネクマバチの幼虫を食べているかどうかはまだわかっていない。生活史が完全には解明されていない、ミステリアスな昆虫なのである。

クワガタムシの仲間は、茨城県などではその姿から「鬼虫」とも呼ばれるが、このヒラズゲンセイはまさに「森の赤鬼」である。

科：ツチハンミョウ科

生息地：本州（近畿以西）、四国、九州、南西諸島など

時期：6月～8月

大きさ：体長1.8cm ～ 3cm

ナンコレ度 ★★★★☆

発見難易度 ★★★★★

森の赤鬼

クビキリギス

Euconocephalus thunbergi

❖見つけやすい場所……コンビニエンスストアの外壁、草むら
＊毒はないが、噛まれると痛いので、素手でさわるときには気をつける

幼いころ、誰もがおそれていた昆虫がいた。その名は「血吸いバッタ」。この妖怪のようなあだ名の昆虫は、野原で虫捕りをしていると、ときおり網に入った。保育園の教室に飛び込んできたこともある。口のまわりには、血のりのように赤く染まった部分があり、みな本気で人間の血を吸うと考えていた。昆虫にあまり詳しくなかった先生もいっしょになって逃げ回っていたので、恐怖感が倍増したものである。

やがて小学生になり、きちんとした昆虫図鑑を買ってもらった私は、それがキリギリスの仲間で、見かけによらずイネ科植物の穂や若芽を好んで食べ、キンギョの餌やドッグフードでも飼えることを知った。

クビキリギスというちょっとこわい名前は、噛みつく力が強く、洋服などに噛みついたときに強く引っぱると、首が取れてしまうことがあることからつけられた。血は吸われないが痛いので、素手で持つときにはやはり気をつけたほうが良いだろう。

成虫で冬を越すため、クリスマスイブであっても元日であっても姿を見かけることがある。深刻な顔をして、「温暖化がここまで進んだか。バッタが真冬に出てくるなんて」と言う人もいるが、この昆虫に関してはもともとそうなのだ。春に「ジーッ」という電気の変圧器のような音で鳴くが、ケラの鳴き声とともに、昔の人々はこの声をミミズが鳴いていると思っていたらしい。

恐怖の血吸いバッタ!?

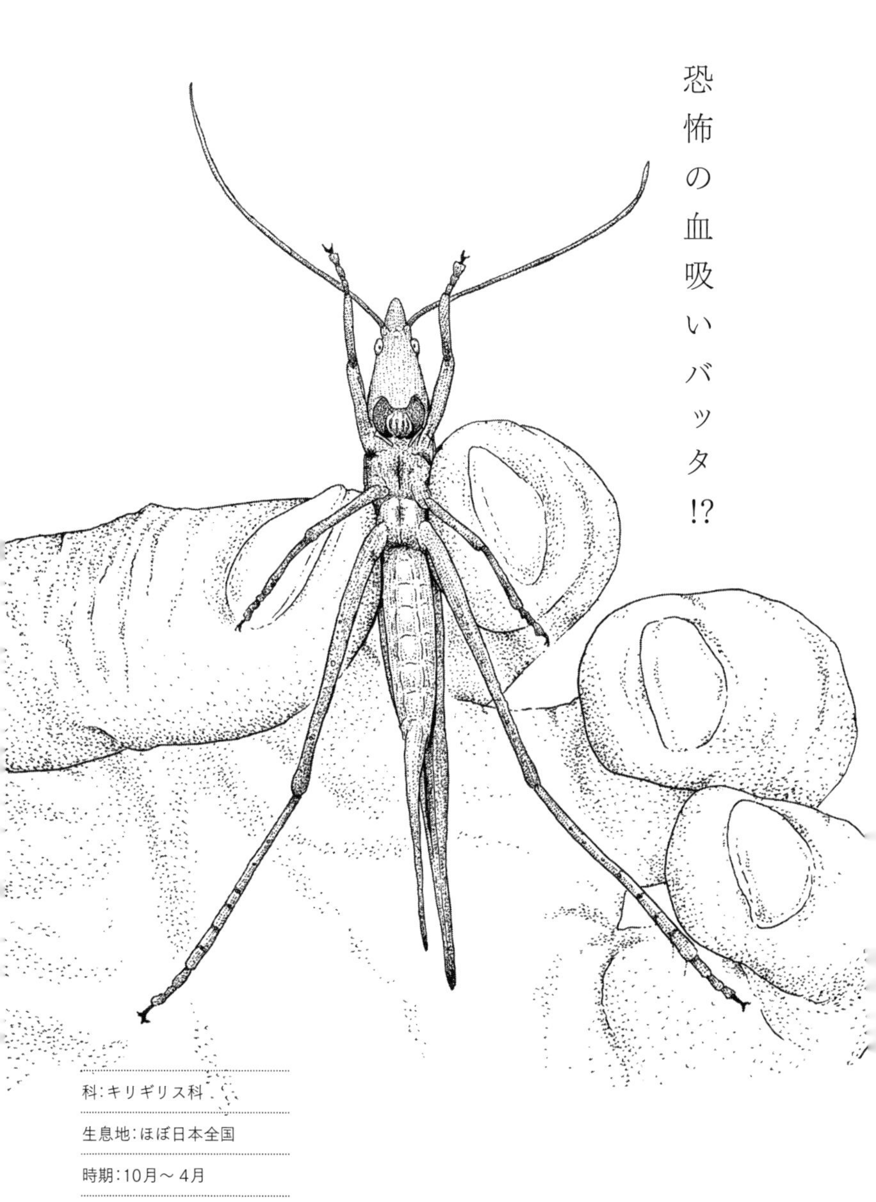

科:キリギリス科

生息地:ほぼ日本全国

時期:10月～4月

大きさ:体長2.7cm～3.4cm

ナンコレ度 ★★☆☆☆
発見難易度 ★★☆☆☆

ツマグロヒョウモンの蛹

Argyreus hyperbius

❖見つけやすい場所……パンジーやビオラを植えたプランター

昆虫の中には、自分の姿を隠して天敵から身を守るものもいれば、逆に自分の姿を目立たせることでそうするものもいる。前者には、たとえば、枝によく似たナナフシモドキ（一六ページ）、木の葉によく似たアケビコノハ（一八ページ）などがいる。また、後者には、「空飛ぶ宝石」とも呼ばれるヤマトタマムシ、ジンガサハムシ（九〇ページ）などがいる。

このツマグロヒョウモンは、幼虫、蛹、成虫ともに、自分の姿を目立たせて野鳥やトカゲなどから身を守っている。幼虫は体長四・五センチほどになり、赤と黒を組み合わせた色彩で、体全体に毒針のような突起を持っている。自然界では赤と黒を組み合わせた色彩は、ある種の警戒色となっている。毒を持つアカハライモリ、ヤマカガシ、ヨコヅナサシガメ（一二〇ページ）などは、みなそのような色彩だ。しかし、ツマグロヒョウモンの幼虫には毒はない。突起も危険ではなく、さわっても大丈夫である。また、成虫は毒を持つチョウ、カバマダラに姿を似せて身を守っていると考えられている。

そして、蛹もやはりマダラチョウ類の毒を含む蛹に姿を似せることで、天敵などに食べられないようにしていると考えられている。蛹はパンジーやビオラなどが植えられている、または、植えられていたプランターによくついている。一〇個のキラキラと光る突起を持つ姿は、まるで小さなミラーボールのようだ。

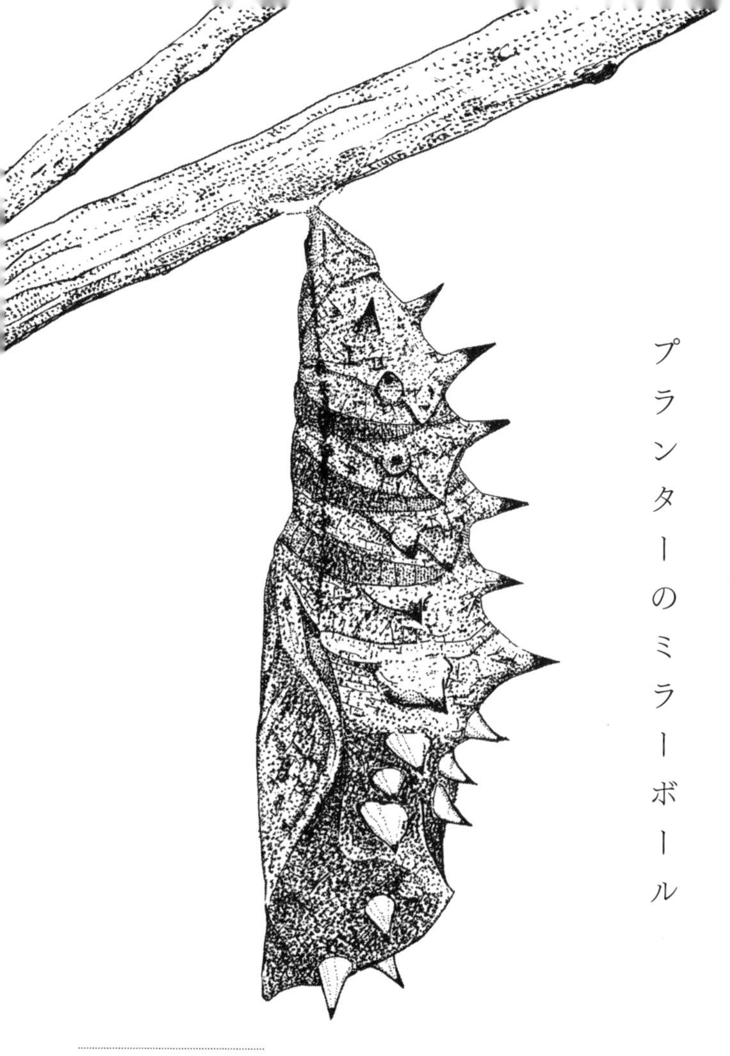

プランターのミラーボール

科：タテハチョウ科

生息地：本州（関東地方以西）、四国、九州、南西諸島など

時期：ほぼ1年中

大きさ：長さ2.5cm前後

ナンコレ度 ★★☆☆☆
発見難易度 ★★☆☆☆

ウシガエル

Rana catesbeiana

❖見つけやすい場所……流れのほとんどない水路、公園の池や沼

東京都江戸川区の実家の横に、幅三メートルほどで、三面がコンクリートでおおわれた川があった。いつも水がにごり、決してきれいな川ではなかったが、ときおりコイなどが泳いでいるのが見えた。毎年、梅雨時の夜になると、この川から「ブオー、ブオー」という重低音が響いてきて、幼いころはこわくて眠れなかったことを覚えている。

小学生になると、この音の正体がウシガエルの鳴き声と知った。すると私はこのカエルを捕まえることに夢中になった。試行錯誤を繰り返しているうちに、ある方法をあみだした。ウシガエルのおもなえさがアメリカザリガニであることを図書室の本から学んだ私は、ある日、正月のタコあげで使ったタコ糸の余りに、こわれたハタキの赤い布きれを一〇センチぐらいに切って結びつけ、水面に頭を出して浮かんでいるウシガエルの鼻先にそっとたらした。少し動かすと、この布をエサと間違えたウシガエルが、水面から大きな口を開けてジャンプした。それをもう片方の手に持っていたタモ網ですくい捕るのだ。この方法は成功率抜群でいまでも使っている。

ウシガエルはアメリカ原産で、一九一八年ニューオリンズから一四ひきが東京に養殖目的で持ちこまれたのが最初だ。その後、野生化して日本各地で大繁殖し、生態系に悪影響を与えて問題となっている。

このカエルの鳴き声がすぐ聞きたければ、スマートフォンや携帯電話をテーブルの上に置き、バイブレーター音を出してみればいい。音質もテンポもかなり近いものを再現できる。

沼のバイブレーター
科:アカガエル科
生息地:ほぼ日本全国
時期:4月～9月
大きさ:体長10cm～20cm
ナンコレ度 ★★★☆☆
発見難易度 ★☆☆☆☆

3

動きがナンコレな生き物たち

"NANKORE" Creatures of odd movement

ザトウムシ

Nelima genufusca

❖見つけやすい場所……林の樹木の幹や葉

ボンド
木工用
森のあしながおじさん

実際には見たこともないのに、なぜか「まるで宇宙生物みたい」と口走ってしまう生き物が身近な場所にもいる。たとえば、この本でも取り上げているオオミスジコウガイビル（四五ページ）、ナミハナアブの幼虫（六三ページ）などもそうである。

　しかし、ザトウムシの仲間ほど、だれが見てもそう感じる生き物も少ないだろう。アニメーションの世界でも強い印象を受ける人が多いようで、ザトウムシがモデルの可能性があるキャラクターがよく登場する。『千と千尋の神隠し』の釜爺、『エヴァンゲリオン』の第九使徒マトリエルなどもそうである。

　ザトウムシは、じつはクモに近い生き物ではなくダニに近い生き物である。世界に四〇〇〇種ほどいると言われていて、日本にも多くの種類がいる。ザトウ＝座頭とは盲人のこと。長い八本のあしを使い、まるでつえで前を探るようにして歩くところから、そう名づけられたと考えられている。ユウレイグモと呼ばれることもある。多くの種類のあしは体長の何倍もの長さになる。中でも、日本にいるナミザトウムシのオスの第二歩脚の長さは、体長の約三〇倍の一八センチほどにもなることがある。森の中などで、小さな昆虫などを捕えて食べている。

　アメリカでは、ザトウムシのことをダディロングレッグス（あしながおじさん）と呼ぶこともある。ただし、ザトウムシにはメスもいる。

科：ザトウムシ目に属する生き物の総称

生息地：ほぼ日本全国

時期：ほぼ1年中

大きさ：体長0.2cm ～ 0.7cm

ナンコレ度 ★★★★★

発見難易度 ★★★☆☆

身近な危険生物への対策

＊

身近な場所にも、意外に多くの危険生物がいる。本書でも、それらのいくつかを取り上げた。被害にあわないための5原則を伝えておく。

1. 知らない生き物にはふれない

これは基本中の基本である。かわいらしくても猛毒を持つ生物いるし、おそろしい姿でも人間には無害の生物もいる。人間と同様、野生生物も見かけによらないのである。

2. ある色彩の生物にはとくに注意する

多くのハチの仲間のように、黄色または朱色と黒の縞模様を持つ生物には危険なものが多い。人間も踏切や工事現場などの注意喚起に使っている。また、赤と黒の組み合わせを持つ生き物にも危険なものが多い。ヤマカガシ、アカハライモリ、ヨコヅナサシガメ（120ページ）などがそうである。

3. 黒ずくめの服を身に着けない

黒色にはスズメバチの仲間が寄ってくる。また、私の体験ではヤマビルも寄ってくる。

4. 清潔な水と抗ヒスタミン軟膏を持参する

ハチの仲間やケムシの仲間などに刺されたときには、応急処置として、患部をまずきれいな水で洗い流し、そのあと抗ヒスタミンの軟膏を塗るのが効果的である。必ず病院にも行くこと。

ホウネンエビ

Branchinella kugenumaensis

❖見つけやすい場所……小学校の水田、以前は水田であった水たまり

私が小学生のころは日本の高度成長期で、町内のあちこちに空き地があり、大雨が降ると水がたまり、池ができた。すると、それらのどこかで毎年のようにトンボの幼虫（ヤゴ）に似ているが、少し雰囲気（ふんいき）の違う生き物が大発生した。

放課後、毎日のようにクラスの男子ほぼ全員がそこに集まって、ひとりで二〇ぴきも三〇ぴきも捕（つか）まえるのだが、簡単にはいなくならない。しかし、ひと月ぐらいたつと大発生がまるでうそであったかのように、まったくいなくなってしまうのだ。まさに突然現れ、突然消えるといった感じの不思議なナンコレ生物だったのである。

この生き物はホウネンエビという小さな甲殻類（こうかくるい）である。主に初夏、水田や、以前水田であった水たまりなどに大発生をする。基本的な体色は白色だが、緑がかったもの、青味がかったものなどもいる。腹面を上にして、たくさんのあしを動かして水中をゆっくりと移動する、どこか歯ブラシに似たスタイルの生き物である。そのせいか、ホウネンエビは、多くの人々の目を引くようで、人や地域によって、タキンギョ、オバケエビ、エビフライ、メロンスイスイ、レモンスイスイなど、いろいろな名前で呼ばれている。

ちなみに昔、科学雑誌の付録などで知られたシーモンキーとも呼ばれる生き物は、このホウネンエビの近縁種（きんえんしゅ）である。

科：ホウネンエビ科

生息地：ほぼ日本全国

時期：4月～6月

大きさ：体長1.5cm～2.2cm

ナンコレ度 ★★★★☆

発見難易度 ★★★★☆

田んぼの歯ブラシ

Turdus eunomus

❖見つけやすい場所……河川敷、公園の芝生広場

私が子どものころは、毎日のように何人かで近所の神社の境内（けいだい）などに集まって、日が暮れるまで遊んだものだ。「缶蹴り（かんけり）」「かくれんぼ」「高鬼」などともに、よく「だるまさんがころんだ」もやった。

もっとも、現代の子どもたちも、場所が小学校の校庭に変わったり、回数が減ったりしてはいるものの、こうした遊びをいまもやっていて、たいていルールぐらいは知っているようだ。

ところで、秋から春にかけて、公園の芝生などの開けた場所に行くと、「だるまさんがころんだ」によく似た動きをくり返している野鳥がいることをご存じであろうか。地面で「トントントン」と素早くホッピングをした後、胸を反らせてピタリととまる。ときには、何羽もがほぼ同じ方向に向かって同じ動作を続けていることもある。思わず行く手に鬼がいないか確認してしまうほどである。

この野鳥の名前は、ツグミという。冬鳥として一〇月ごろ北の国々から日本に渡ってきて、五月ごろにまた外国へ飛んで行く。「ケケッ」「キョキョッ」などと鳴く、スズメとキジバトの中間ぐらいの大きさの野鳥だ。体の上面は赤茶色、下面はクリーム色だ。今度、地上にいるツグミを見つけたら、その動きに合わせて「だるまさんがころんだ」とつぶやいてみよう。これは、かなりくせになる。

だるまさんがころんだ鳥

科：ツグミ科

生息地：ほぼ日本全国

時期：10月～5月

大きさ：全長24cm前後

ナンコレ度 ★☆☆☆☆
発見難易度 ★★☆☆☆

ヨコヅナサシガメ

Agriosphodrus dohrni

❖見つけやすい場所……ソメイヨシノ、ケヤキの大木の幹
＊毒性は弱いが、刺されると針を刺したような痛みを感じ、患部が約一時間麻痺するので、素手ではさわらないこと。人間の体液は吸わない

仕事柄、よく昆虫の写真を撮る。その日はヨコヅナサシガメの幼虫を机の上に置き、撮影していた。生きているから当然、動く。この昆虫は人間を刺すことがあると知っていたのだが、撮影に夢中になっているうちに、うっかり左手の人差し指で上から押さえつけてしまった。その瞬間、指先に注射を打たれたときのような痛みを感じ、まもなく指全体の感覚がまるで麻酔を打たれたようになくなってしまった。あわててカメムシにくわしい友人に電話をかけ、その毒性や処置について聞いた。「しばらくほうっておけば治ると思うよ」という言葉通り、一時間ほどたつと指はもと通りになった。

ヨコヅナサシガメのようなカメムシの仲間は、基本的にくさいか痛いかのどちらかである。この虫は痛いほうのグループに入る。サシガメという名前の通り、細長い口を昆虫

やクモに刺し、体液を吸う。東南アジアが原産地と思われる外来種で、九州では一九三〇年ごろに、関東では一九九〇年ごろに発見された。幼虫はソメイヨシノ、ケヤキなどの大木の幹で集団越冬する。真冬、幹にコールタールがついていると思って近づくと、それがこのカメムシの大集団であることもある。動きも特徴的で、じっと観察していると、ゆっくりと後退する。昆虫らしからぬ不気味な動きである。四月から五月にかけて見られる成虫の腹部のへりは大きく広がり、まるでグランドピアノの鍵盤のようだ。この部分が相撲の横綱の化粧まわしに似ていることから、「ヨコヅナ」の名がつけられたとも言われている。

動くグランドピアノ

科：サシガメ科

生息地：本州（関東地方以南）、四国、九州など

時期：ほぼ1年中

大きさ：体長1.6cm ～ 2.4cm

ナンコレ度 ★★★☆☆
発見難易度 ★★☆☆☆

ナガコガネグモ

Argiope bruennichi

❖見つけやすい場所……水田、ビオトープの池のまわりの日当たりのよい草はら

地震グモ

近年、校庭の一角に小さな水田を作り、コメ作り体験とともに水田の生き物観察をしている都市部の小学校が多くなった。学校の近所には水田がなくなり、遠くに出かけなくてはそのような学習ができなくなってきたからであろう。学校によっては「バケツ田んぼ」と呼び、児童各自がバケツに泥を入れ、イネを育てているところもある。

昔から、まるでプロレスや仮面ライダーシリーズのように、水田には農家にとっての「正義の味方」と「悪の軍団」がいて、激しいバトルをくり広げてきた。前者はトノサマガエル、アキアカネ、オオカマキリなどがいて、後者にはアメリカザリガニ、コバネイナゴ、ウンカの仲間などがいる。そして、このナガコガネグモも正義の味方の一種である。イネとイネの間に網を張り、コバネイナゴなどを捕えて食べる。ただ、オオカマキリなどと同様に、ときおり同じ立場のアキアカネなども食べてしまうのが玉にきずである。

姿のよく似たジョロウグモが林のクモであるとすれば、このナガコガネグモは草はらのクモである。日あたりの良い草間に垂直の正常円網を張り、その中央部に「かくれ帯」という白い糸の帯をつける（これは何のためにつけるのか、まだはっきりとはわかっていない）。

このクモの大きな特徴のひとつが、危険を感じると激しく網を揺することだ。一種の威嚇行動なのだが、人間が指で網、またはクモに軽くふれても、えんえんと網を揺さぶり続ける。この習性から「地震グモ」とも呼ばれる。網にとまるナガコガネグモを発見したら、ぜひ試してみてほしい。

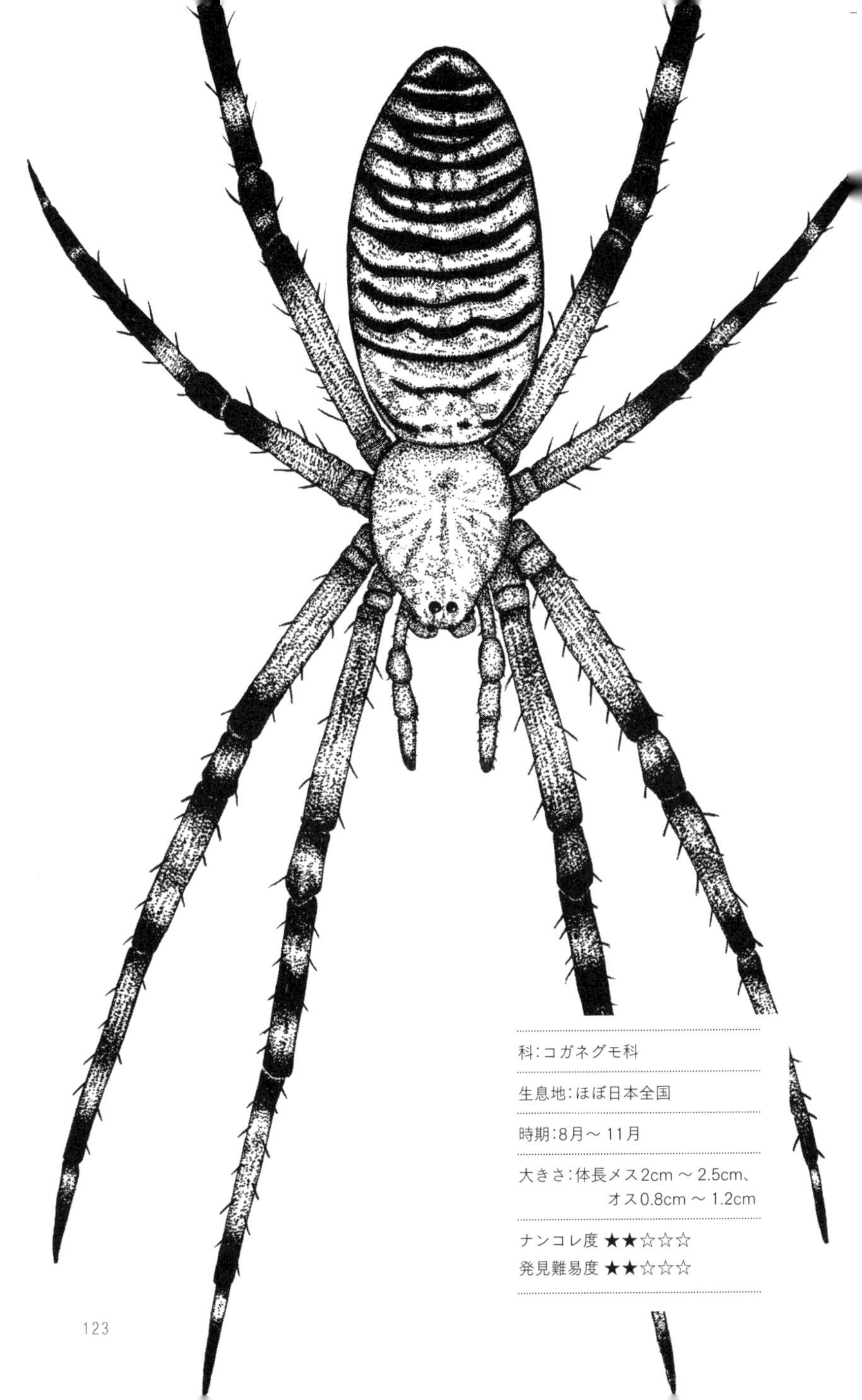

科:コガネグモ科

生息地:ほぼ日本全国

時期:8月～11月

大きさ:体長メス2cm～2.5cm、
オス0.8cm～1.2cm

ナンコレ度 ★★☆☆☆
発見難易度 ★★☆☆☆

ヤマビル

Haemadipsa zeylanica japonica

❖見つけやすい場所……林道の路肩、スギ林の地面

千葉県の丘陵地に自然観察会の講師として出かけたときのことである。目的地に着き、バスから降りると、まずは参加者全員で室内に入り、これから向かう林にいる可能性のあるヤマビルとはどういう生き物か、どのように避ければよいのかを説明することにした。

広い畳の部屋に全員で車座になり、ヤマビルの姿かたちについて話し始めたとたん、参加者のひとりが「先生、あれのことですか?」と畳の上を指差しながら言った。見ると、車座のほぼ中央で、大きなヤマビルが一ぴき伸び上がって揺れていた。

ヤマビルは、おおむね春から秋にかけて活動する。とくに六月から八月にかけて、雨が降っているときや雨が上がった直後は要注意である。縮んでいるときは、軍艦巻きの上のウニに似ているが、動物の出す炭酸ガスや体温、振動などを感知するとシャクトリムシのような動きで近づいてくる。スピードは意外に速く、気がつくと服や皮膚の上にいる。約一時間吸血し、離れる。毒は持っていないが、血液の凝固を阻害する「ヒルジン」という物質を出しながら噛むので、傷口からの出血は約一日とまらない。

血を吸われないためには、できる限り皮膚の露出部分を少なくし、靴やズボンなどに濃い食塩水をこまめにかけると良い。もし皮膚について吸血中のヤマビルを発見したら、食塩水をかけて離し、傷口には消毒後、大きめのばんそうこうを貼っておこう。血はだいたい、ばんそうこうを三枚貼り替えたころにとまる。

地獄谷のニョロニョロ

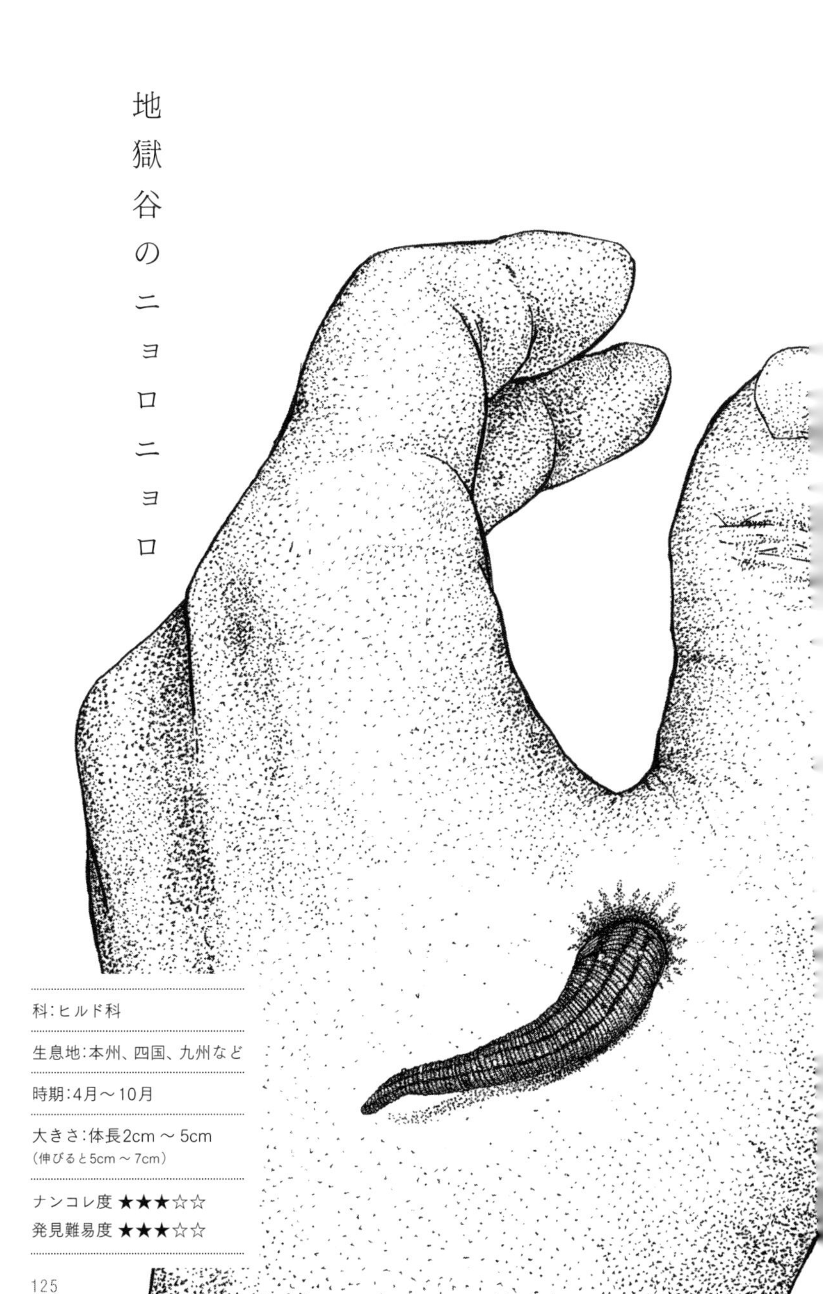

科：ヒルド科

生息地：本州、四国、九州など

時期：4月～10月

大きさ：体長2cm～5cm
（伸びると5cm～7cm）

ナンコレ度 ★★★☆☆
発見難易度 ★★★☆☆

アメフラシ

Aplysia kurodai

❖見つけやすい場所……海藻の多い潮だまり

子どものころ、夏になると家族でよく千葉県の房総半島に海水浴に出かけた。しかし、私は泳ぐことにはすぐ飽きてしまって、磯遊びをして長い時間を過ごした。

あるとき、潮だまりに入って小さな魚を捕まえようしていると、足元の水がとつぜん紫色に変わった。まだアメフラシという生き物を知らなかった私は、岩で足を切ったのかと思い、海岸中に響く叫び声をあげてしまった。落ち着いて考えれば、色も少し違うし、痛みもどこにも感じていないのでわかりそうなものだが、気が動転していたのである。

アメフラシは、こげ茶色の地にたくさんの小さな白い斑点を持つ巨大なナメクジのようなスタイルの生き物だ。じつは貝の仲間で、体の中に貝殻がある。体長は三〇センチほどあるが、大きめの海藻が繁る場所にいると、それらに紛れて、大きな体のわりにあまり目立たない。むしろ刺激を受けると出す紫色の汁で、そこにいることがわかることのほうが多い。貝殻が発達していないかわりに、このような方法で外敵から身を守る。さながら「磯の発煙筒」である。

なお、アメフラシの仲間は春に卵塊を産む。これは、そうめんに似ているということで、むかしから「ウミゾウメン」と呼ばれるが、私はモンブランケーキのほうが似ていると思っているので、「ウミモンブラン」と呼んでいる。

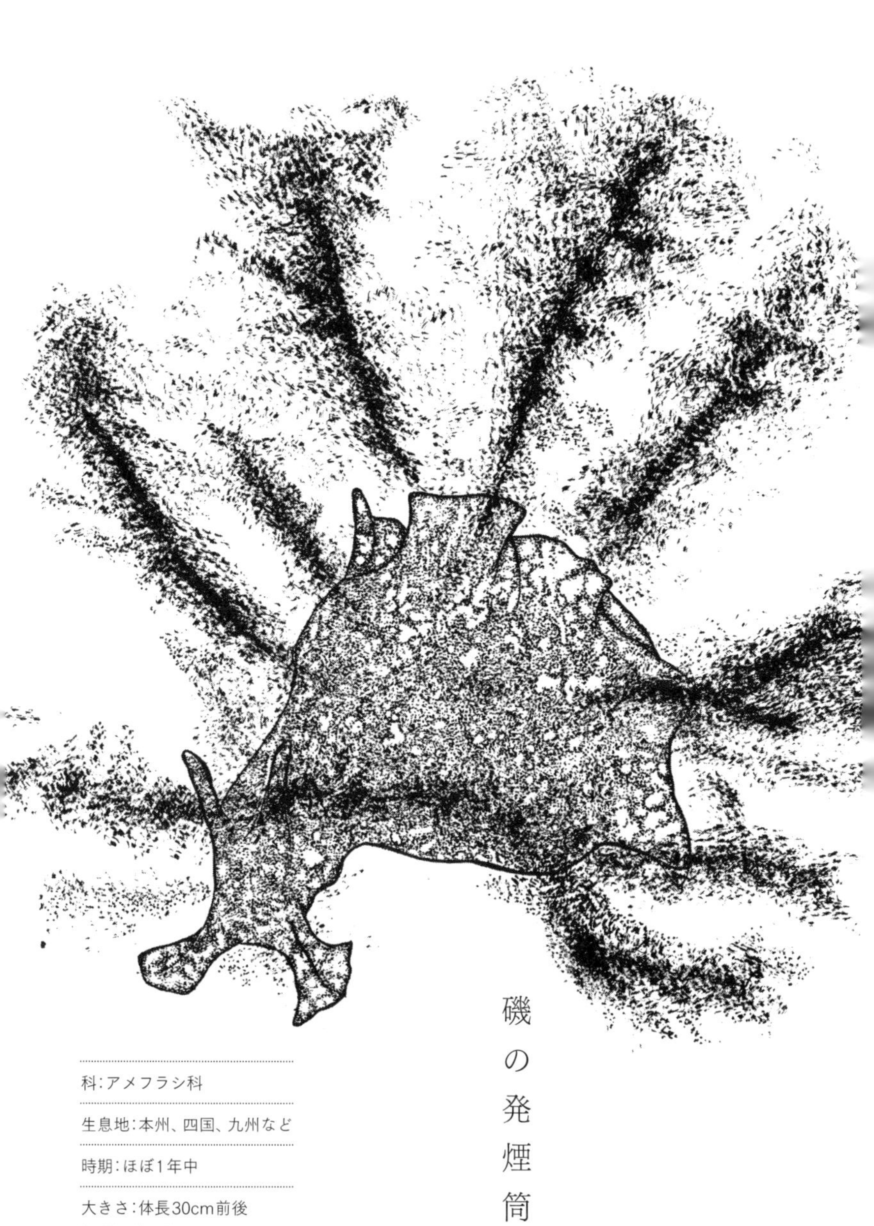

磯の発煙筒

科:アメフラシ科

生息地:本州、四国、九州など

時期:ほぼ1年中

大きさ:体長30cm前後

ナンコレ度 ★★★☆☆
発見難易度 ★★☆☆☆

イチモンジセセリ

Parnara guttata

❖見つけやすい場所……ハナゾノツクバネウツギの花、コスモスの花

「チョウとガの違いは何だと思いますか？」とたずねると、多くの人が「はねを開いてとまるのがチョウ、閉じてとまるのがガ」と答える。じつは、そうとは限らない。そればかりか色が派手なのがチョウで、地味なのがガとも限らないし、昼間に飛び回るのがチョウで、夜間に飛び回るのがガとも限らない。強いて言えば、触角がシンプルなのがチョウで、枝分かれしているのがガであるが、それも一〇〇パーセント決まっているわけではない。結局、一種類ずつ覚えるしかないのである。

このイチモンジセセリも、色などからガと間違われることの多いチョウである。初夏から秋にかけて見られるが、とくに九月から一〇月ごろにかけて、アベリアとも呼ばれるハナゾノツクバネウツギの花に群れているときに目立つ。とまったときの姿が直角三角形で、まるで小さなサンドイッチのようだ。オオカマキリなどのカマキリの仲間に捕まり、ムシャムシャ食べられている光景は、お腹をすかせた人間がサンドイッチにかぶりついている様子を思わせる。

このチョウはその動きにも大きな特徴がある。捕まえて容器に入れ、そのふたを開けると、目にもとまらぬスピードでどこかに飛び去ってしまう。このスピードから「ロケットチョウ」と呼ぶ人もいるほどだ。

高速のサンドイッチ

科：セセリチョウ科

生息地：ほぼ日本全国

時期：6月～10月

大きさ：翅開長3.5cm ～ 4cm

ナンコレ度 ★★☆☆☆

発見難易度 ★☆☆☆☆

ヤツワクガビル

Orobdella octonaria

❖見つけやすい場所……低山の林道

林道のイカ一夜干し

以前、不思議な野生の生き物を紹介するテレビ番組で、裏高尾とも呼ばれる東京都八王子市の日影沢へ出かけたことがある。ヤツワクガビルを見つけるためだ。

「この森にはミミズを丸のみにする巨大生物がすんでいます。探しにいきましょう」と私が言った直後、出演者のお笑い芸人のひとりが大声をあげて飛び上がった。見ると、彼の足元に三〇センチほどのヤツワクガビルがはっていたのだ。撮影開始から三〇秒ほどのことである。「こいつは何ですか!?」とたずねるその芸人に、私は思わず「奴は、クガビル」と答えていた。

クガビルの「クガ」とは、陸地のことである。陸地にすむヒルということでこの名前がつけられたのだろう。何種類かいるクガビルの中でも、このヤツワクガビルは東京都八王子市の高尾山のような都会に近い低山などでもよく見かける。初夏から中秋にかけ、雨が降っているときや、雨が上がった直後の林道などで見つかる。

初めてこの生き物を見て驚かない人は、まずいない。オレンジ色と黒色のはでな色彩といい四〇センチほどになる長さといい、いかにも危険な感じがするが、じつは人間には無害である。

主食はミミズの仲間で、自分と同じぐらいの長さのミミズも丸のみにしてしまう。そのスピードは一分とかからないこともある。

科：イシビル科

生息地：本州など

時期：6月～10月

大きさ：体長40cm前後

ナンコレ度 ★★★★★

発見難易度 ★★★★☆

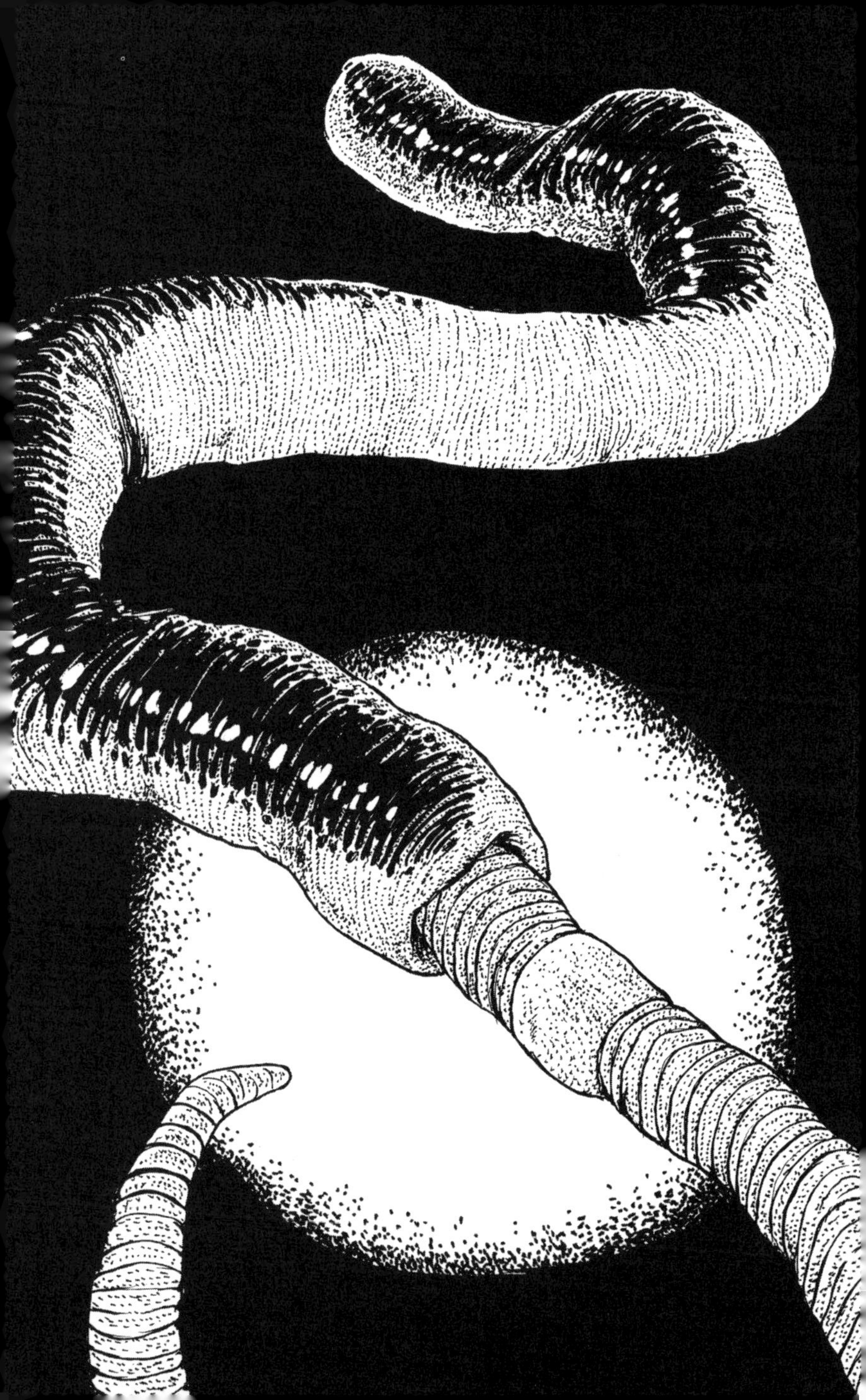

ハオコゼ

Hypodytes rubripinnis

❖見つけやすい場所……潮だまり、浅瀬

＊素手や手袋をした手で絶対につかまないこと。背びれの毒とげに刺され、しばらく強い痛みが続く

野生の生き物も我々人間同様、見かけによらない。本書にも取り上げたニホンクモヒトデ（五二ページ）のように、いかにも危険な感じの姿形をしていても、じつは人間には無害のものもいれば、逆にニホンアマガエルのように、だれもが手にのせたくなるかわいらしい姿形をしていても、じつは毒を持っていて、つかんだ手で目や口などをこすると炎症を起こすようなものもいる。

しかし、身近な生き物の中で、このハオコゼほど、見かけと実体のギャップの大きいものはいないだろう。「かわいい悪魔」とは、このような生物のことを言うに違いない。ハオコゼは、海の潮だまりや海藻(かいそう)の多い浅瀬などにごく普通にいる魚だ。大きいものでも体長一二センチほどで、赤みがかったきれいな色をしているため「海キンギョ」と呼ばれることもある。実際に観賞魚としての需(じゅ)

科：ハオコゼ科

生息地：本州、四国、九州など

時期：4月～10月

大きさ：体長10cm～12cm

ナンコレ度 ★★☆☆☆

発見難易度 ★★★☆☆

要もある。

海の浅瀬の水底近くをゆっくりと泳いでいることが多いので、見つけたら捕まえて海水を入れた透明のケースに入れ、真横から眺めてみよう。ただし、捕まえるときもケースに入れるときも必ず網を使い、たとえ手袋をした状態でもさわってはいけない。

ケースの中を泳ぐハオコゼは背びれをたたみ、まさにキンギョのようにかわいいのだが、ケースを外から指でたたいてみると、さっと一四〜一五本の背びれの毒とげを立てて、まるで別の魚のようになる。天使が悪魔に変わる瞬間だ。この毒とげに手を刺された人は、「がまんできない歯痛と同じほどの痛みが三時間ぐらい手にあった」そうだ。

かわいい悪魔

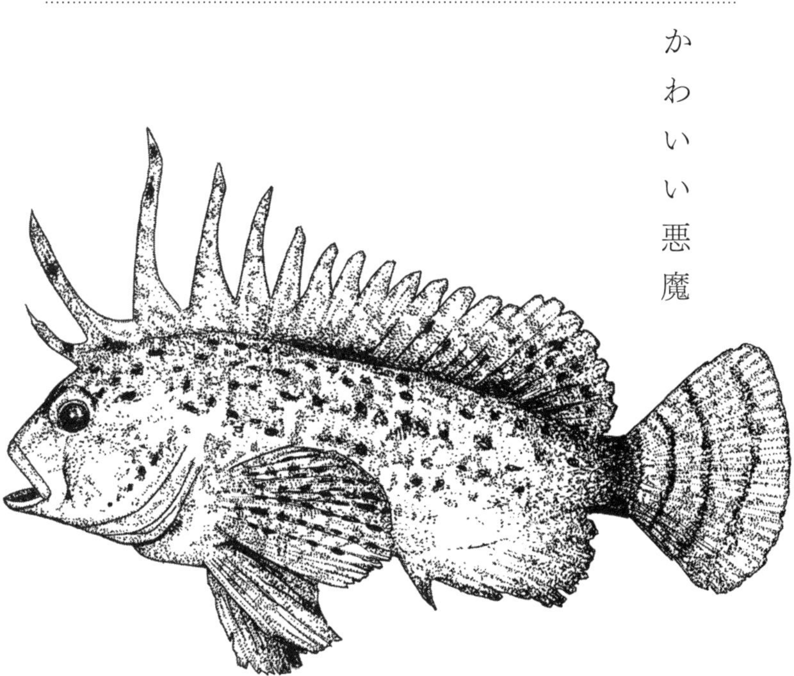

ヤマトイシノミ

Pedetontus nipponicus

❖見つけやすい場所……森の湿った岩や樹皮

自然観察のイベントなどで郊外の低い山などに出かけると、よく、参加者が私に「これなんですか？」と聞いてくる小さな生き物がいる。それは、たいがい休憩（きゅうけい）かお弁当の時間、つまり、人が森の中の岩や倒木などに腰掛（こしか）けることが多くなるときだ。岩に腰掛（こしか）け、おにぎりをほおばっていると、ズボンのふとももあたりに、細長くて小さな生き物がぴょんと跳（と）びのってくる。割りばしの袋でそっとふれてみると、またぴょんと跳（と）びはね、どこかに行って

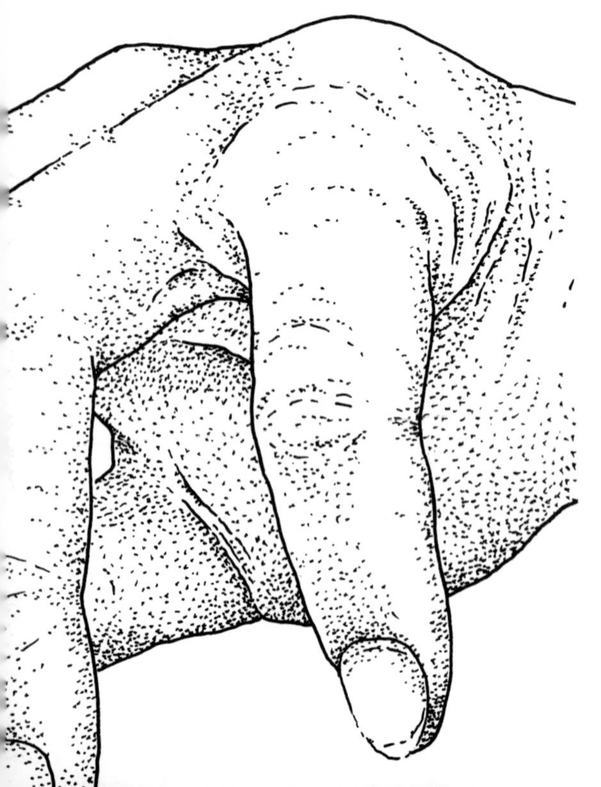

科：イシノミ科

生息地：北海道、本州（中部地方以北）など

時期：ほぼ1年中

大きさ：体長1.2cm前後

ナンコレ度 ★★★☆☆

発見難易度 ★★★☆☆

森のオットセイ

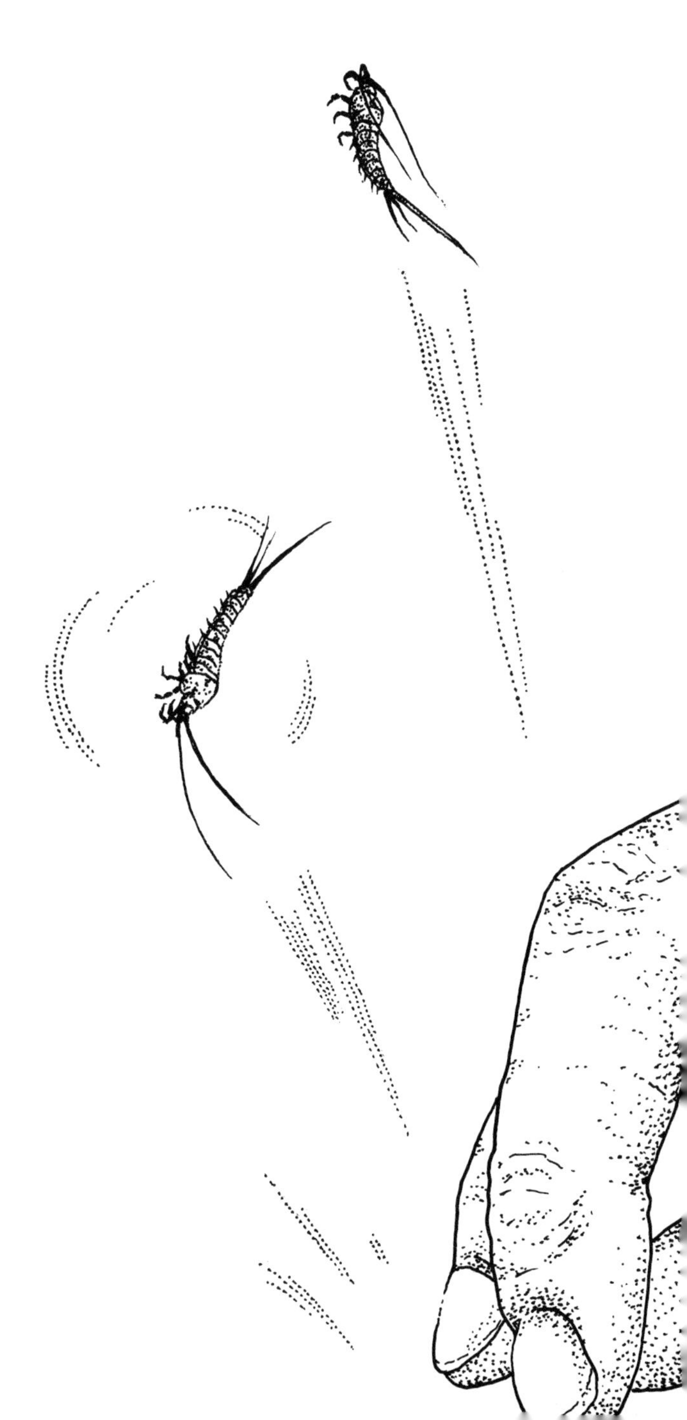

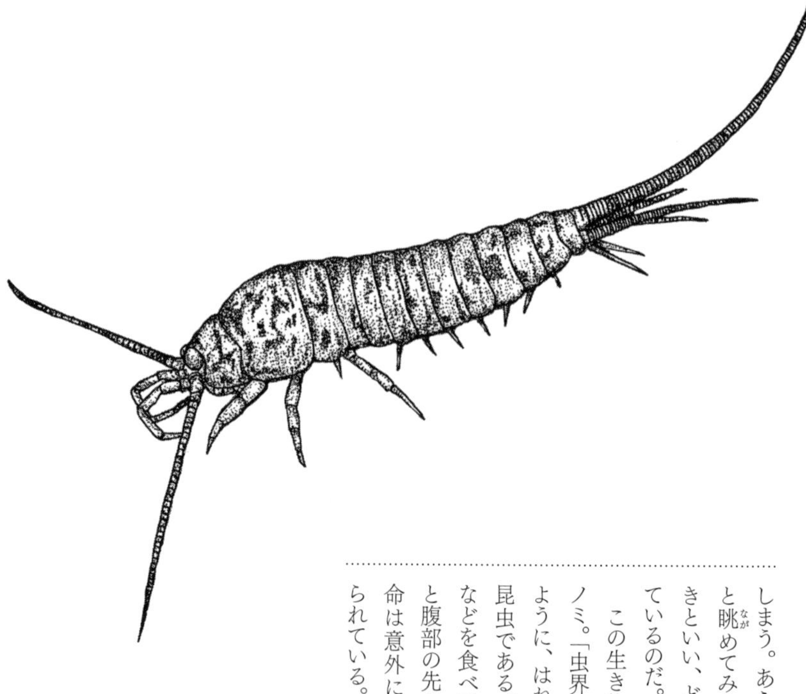

しまう。あらためて探し、じっくりと眺めてみると、それは形といい動きといい、どこかオットセイにも似ているのだ。

この生き物の正体は、ヤマトイシノミ。「虫界の原始人」とも言われるように、はねを持たない、原始的な昆虫である。湿った森にすみ、藻類などを食べている。一対の長い触角と腹部の先の三本の尾が特徴だ。寿命は意外に長く三年ぐらいと考えられている。

岩の表面などと同じような色彩をしているので、じっとしているとかなり見つけにくいが、危険を感じると腹部で地面などをたたいてジャンプするので、いることがわかる。虫めがねなどで体を拡大して見ると、体の表面の鱗粉がキラキラと輝いて見える。本州中部以南から南西諸島にかけては、ヤマトイシノミよりも少し大きく、腹部の先端に黒い紋がひとつあるヒトツモンイシノミがいる。

ケバエの幼虫

Bibio rufiventris

❖見つけやすい場所……林の地面、公園の遊歩道

秋に幼稚園や保育園などの親子遠足についていくことが多い。現地での自然観察のお手伝いをするためだ。すると、毎回のように親子の悲鳴を耳にすることになる。顔面蒼白の親子に手を引かれて現場に急行すると、地面がかなり広い範囲で動いている。

よく見ると、数えきれないほどの小さなイモムシのような昆虫が蠢いているのだ。まるでホラー映画のワンシーンのような光景である。地面に落ちた焼きそばのかたまりが動いているようでもある。そこで私はいつも両手をいきなり地面に入れると、虫の大集団をすくいあげる。このときの親子の私への眼差しは、大きくふたつに分かれる。尊敬か軽蔑である。

この蠢く昆虫は、ケバエの仲間の幼虫である。成虫は体長が〇・五センチから一・五センチで黒っぽく、ハエのようなハチのような形をしている。四月から五月にかけ、交尾のため、さかんに飛び回る。オスの成虫はメスの成虫よりも大きな複眼を持っているので、すぐに見分けがつく。幼虫は地中で腐葉土や獣ふんなどを食べているが、なぜか秋が深まるころ、地上に出てくる。腐敗した植物が堆積した場所では、よく大発生し、数百ぴき、数千びきという大集団を作る。ちなみに成虫、幼虫ともに人間には無害である。

科:ケバエ科に属する昆虫の総称

生息地:ほぼ日本全国

時期:10月～11月

大きさ:体長3cm前後

ナンコレ度 ★★★★☆

発見難易度 ★★★☆☆

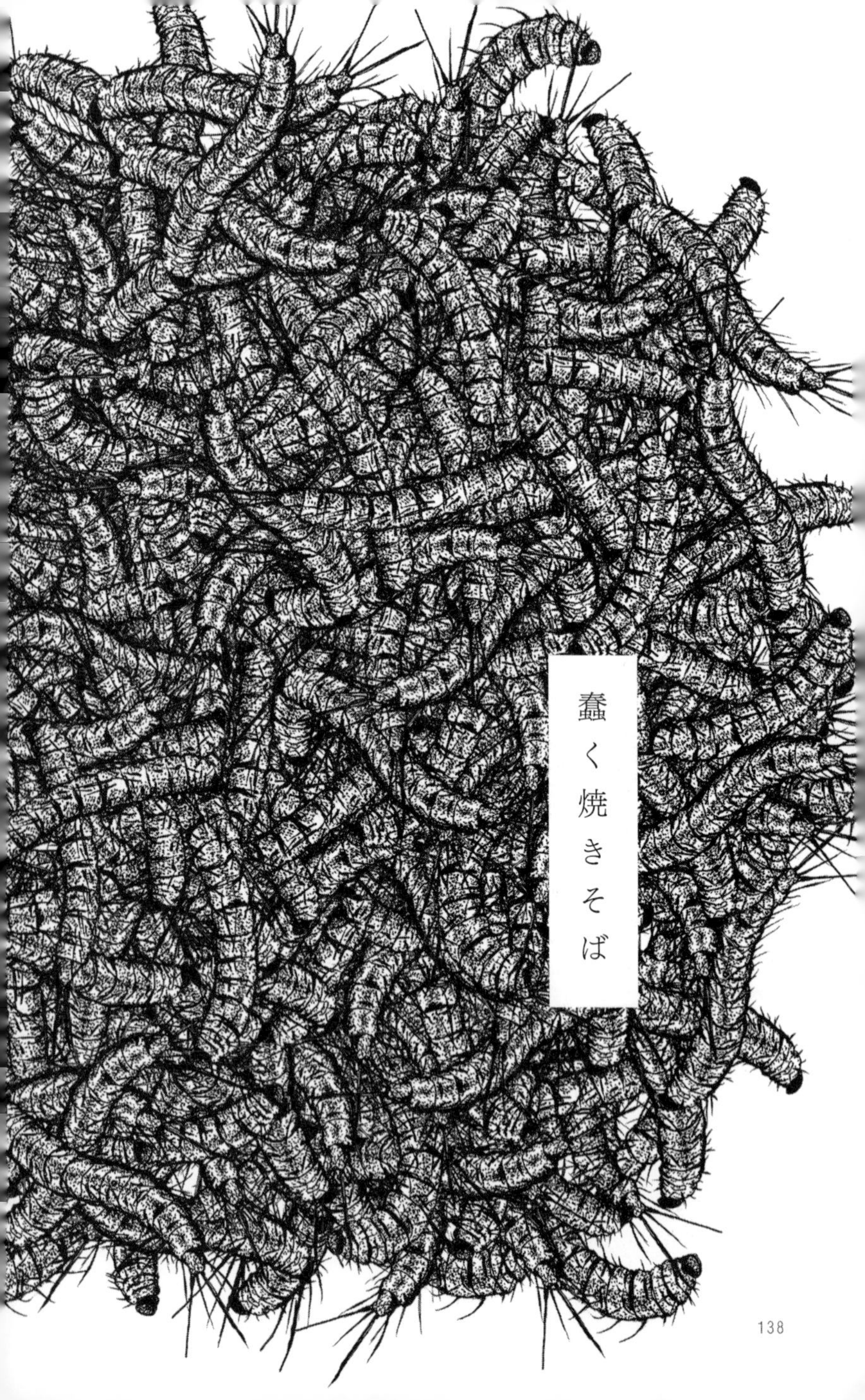

蠢く焼きそば

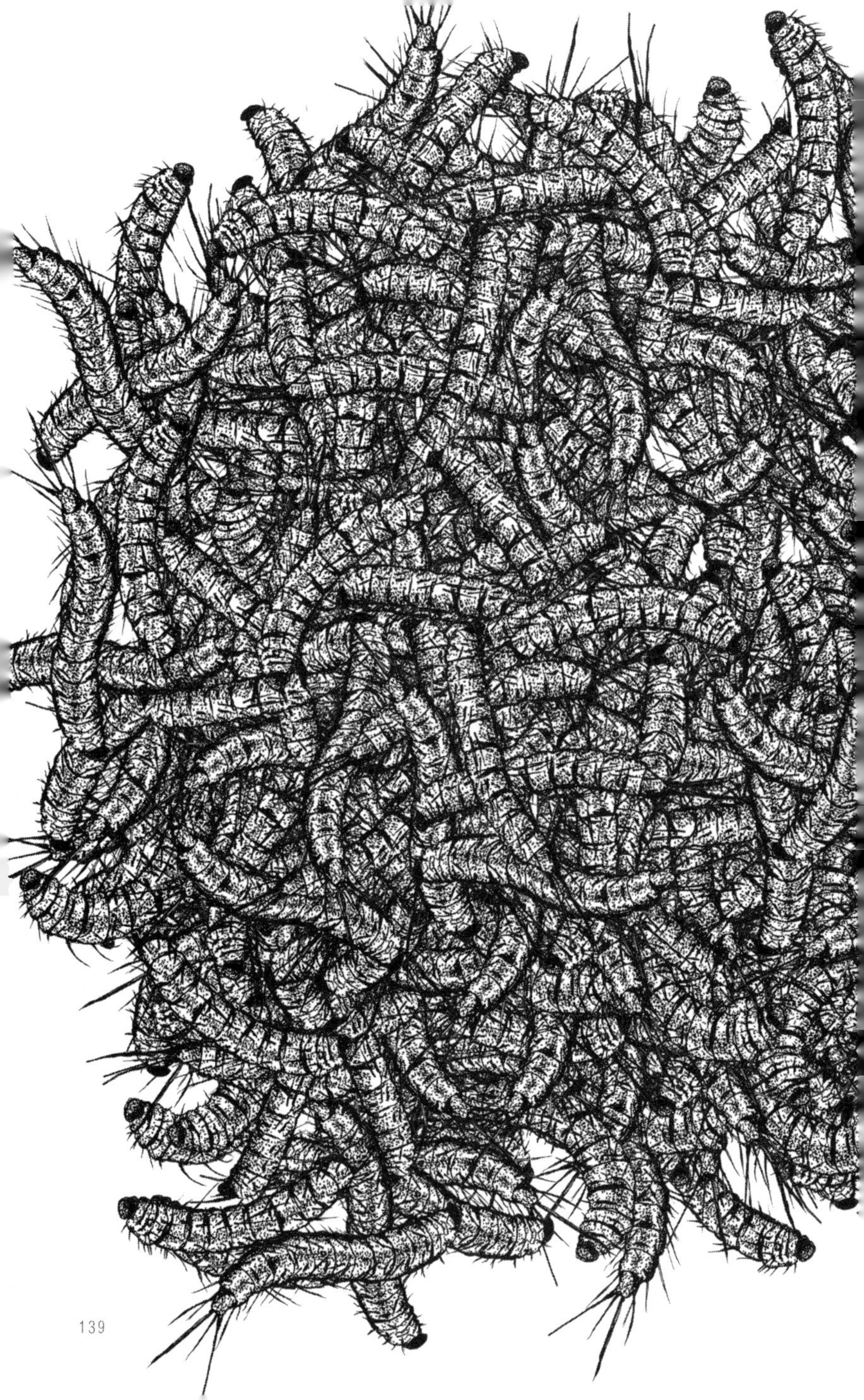

プラナリア

Dugesia japonica

❖見つけやすい場所……水のきれいな川の石の下

不死身の水ようかん

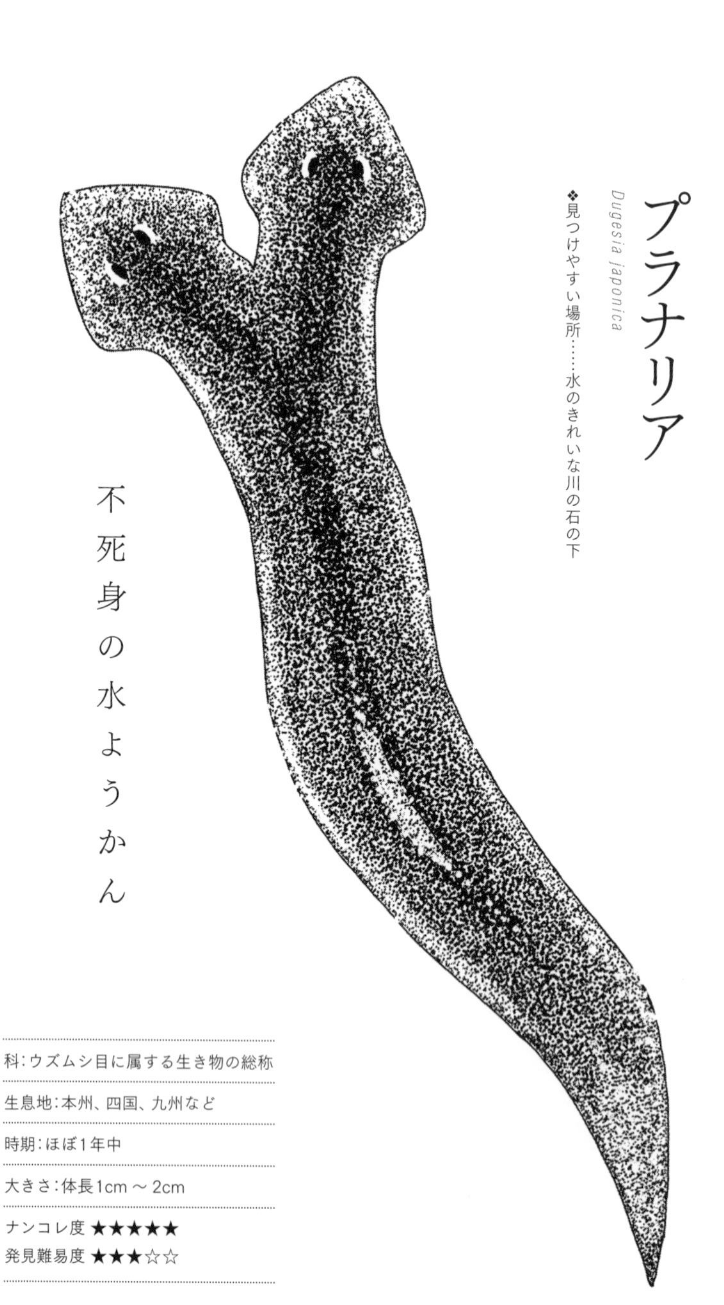

科：ウズムシ目に属する生き物の総称

生息地：本州、四国、九州など

時期：ほぼ1年中

大きさ：体長1cm ～ 2cm

ナンコレ度 ★★★★★
発見難易度 ★★★☆☆

ある食べ物を食べているとき、ある生き物のことを思い出すことがある。バナナをむこうとすればツマグロオオヨコバイ（二六ページ）を思い出すし、豊島屋の鳩サブレーを持てばアオバハゴロモ（三〇ページ）を思い出す。そして、お中元にいただいた缶入り水ようかんを、プラスティックの小さなスプーンでそぎとって口に入れる瞬間、「プラナリアみたいだな」と思うのだ。

　プラナリアとは総称で、サンカクアタマウズムシ科のナミウズムシを始め、多くの種類が含まれる。肉食で、主に水中の小さな昆虫などを食べているが、顔のあたりで食いついたりするのではなく、腹面中央部から咽頭を出してえさを取り込む。アカムシと呼ばれるユスリカの仲間の幼虫を与えると、全身に分岐した消化管にそれが入っていく様子が観察できる。虫めがねでも確認できる目では光を感じることぐらいしかできない。

　優れた再生能力を持ち、一ぴきのプラナリアを頭部、腹部、尾部の三つに切ると、頭部からは腹部と尾部が、尾部からは腹部と頭部が、そして腹部からは頭部と尾部が再生する。ある研究者が一ぴきのプラナリアを一二〇の部分に切り分けたところ、一二〇ぴきのプラナリアが再生したという話が伝わっている。この生き物は、刃物の前ではほぼ不死身なのである。プラナリアの優れた再生能力は人間の再生医療の分野で注目されている。私たちの未来は、この水ようかんの切れはしのような生き物にかかっているのかもしれない。

ハクビシン

Paguma larvata

❖見つけやすい場所……夜間の電線の上、甘い果実のなっている木の上

以前、私の事務所は東京都杉並区の静かな住宅街にあった。ある日、昼食を食べに行こうと事務所の玄関ドアを開けると、目の前に細長く黒っぽい動物がいた。こちらも驚いたが、その動物も驚いたようで、あっと言う間に走り去ってしまった。目と目が合ったとき、顔の中央の白い線がはっきりと見えたので、間違いなくハクビシンであった。ハクビシンが去ったあと、空を見上げると数羽のハシブトガラスが鳴きながら飛び回っていた。ハクビシンは基本的に夜行性だが、高い場所で休んでいるときにハシブトガラスに見つかって追い回され、日中、このように人目にふれることも意外に多い。

ハクビシンは、沖縄県などで野生化したジャワマングースなどと同じ、ジャコウネコ科の動物である（ジャワマングースはマングース科とする説もある）。里山にも多いが町なかにも多い。日中は建造物の屋根裏などに潜(ひそ)んでいて、日が暮れるころに町なかを歩き回るのだ。

尾まで入れると一メートルほどある動物なのに、器用に電線の上を歩く。たまに、「ぶんぶく茶釜(ちゃがま)のタヌキを見ました」と興奮して話す人がいるが、その正体はほぼ一〇〇パーセント、ハクビシンである。東南アジアなどが原産の外来種で、日本には江戸時代末期から明治時代初期にかけて持ちこまれたと考えられている。

ハクビシンを見たければ、昼間のうちにビワ、カキ、イチジクなどがなっている木を見つけておき、とっぷりと日が暮れてからまたそこへ行き、懐中電灯(かいちゅうでんとう)で木の枝をいきなり照らしてみると良い。果物が好物であるハクビシンにお目にかかれる可能性は高い。

アーバン・マングース

科：ジャコウネコ科

生息地：北海道、本州、四国、九州など

時期：ほぼ1年中

大きさ：頭胴長61cm ～ 66cm

ナンコレ度 ★★★☆☆

発見難易度 ★★★☆☆

シロテンハナムグリの幼虫

Protaetia orientalis

❖見つけやすい場所……朽ち木や腐葉土の中

路上の背泳選手

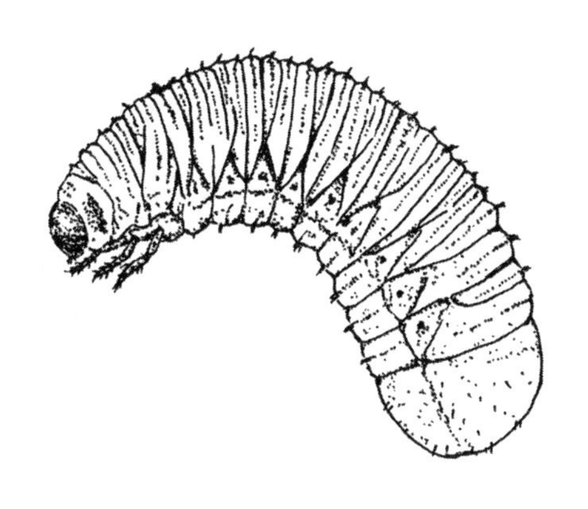

幼い子どもは、ほんとうに土いじりが好きだ。あちこち掘り返していると、そのうち、移植ごての先に白いイモムシをのせ、大人に「これなに？」と聞きにくる。このとき、ほとんどの大人は「気持ちが悪いから捨ててきなさい」と叱るのだが、次にそのようなことがあったら、イモムシを移植ごてから平らな場所に置いて、その動きに注目してほしい。うつ伏せになって移動を始めたらコガネムシの仲間の幼虫、仰向けになって移動を始めたらカナブンの仲間の幼虫である。

シロテンハナムグリはカナブンの仲間である。成虫は名前の通り、やや くすんだ金色の地に白い点がたくさんある体を持つ。クヌギ、コナラ、シラカシなどの樹液や、イチジクなどの熟れてさけ目が入った果実の汁などをなめにくる。イチジクのひとつの果実に二〇ぴき近く集まっていることもある。幼虫は朽ち木や腐葉土などにすみ、それらを食べている。環境の変化にもあまり影響されず、また、寿命が二年ほどもある。いろいろな面で強い昆虫である。

幼虫がアスファルトの道路やコンクリートの階段の上などを、あおむけで速く移動している様子は、まるで名スイマーが背泳ぎでプールをぐんぐん進んでいくかのようだ。

科：コガネムシ科

生息地：本州、四国、九州、南西諸島など

時期：ほぼ1年中

大きさ：体長4.5cm前後

ナンコレ度 ★★☆☆☆

発見難易度 ★★☆☆☆

ケラ

Gryllotalpa orientalis

❖見つけやすい場所……水を張りたてのハナショウブ田、水辺の自動販売機のまわり

子どものころ、家族でよく近所のハナショウブ園にハナショウブの花を見に行った。父や母は、ほかの多くの人々同様、色とりどりのハナショウブに見とれていたが、私は毎年別のものに心を奪われていた。それは、水面や水中を走るように移動する、モグラを小さくしたような形の昆虫である。

私を夢中にさせていた昆虫は、ケラである。よく、オケラと呼ぶ人がいるが、正しくは、ケラである。コオロギに近い仲間で、シャベルのような頑丈な前あしを持っている。柔かい土の上に置くと、このあしを使い、瞬く間に穴を掘って地中に消えてしまう。まるでミニ・モグラである。

ケラは幼虫または成虫で、水辺の湿った土の中で冬を越し、春に水田などに水を張ると浮かび上がってくる。メスは初夏に地中に産卵する。「ビョー」というこもった声で鳴く。この声は、クビキリギスの声とともに（一〇四ページ）、かつてはミミズの声だと思われていた。

ケラは穴を掘るのも泳ぐのもうまい。しかも成虫になればはねで飛ぶこともできる。運動能力に優れた昆虫なのである。もしもケラを見つけたら、捕まえて軽く握ってみよう。握った手を力強くこじ開けようとするはずである。危険はないので、ぜひケラのパワーを体感してほしい。

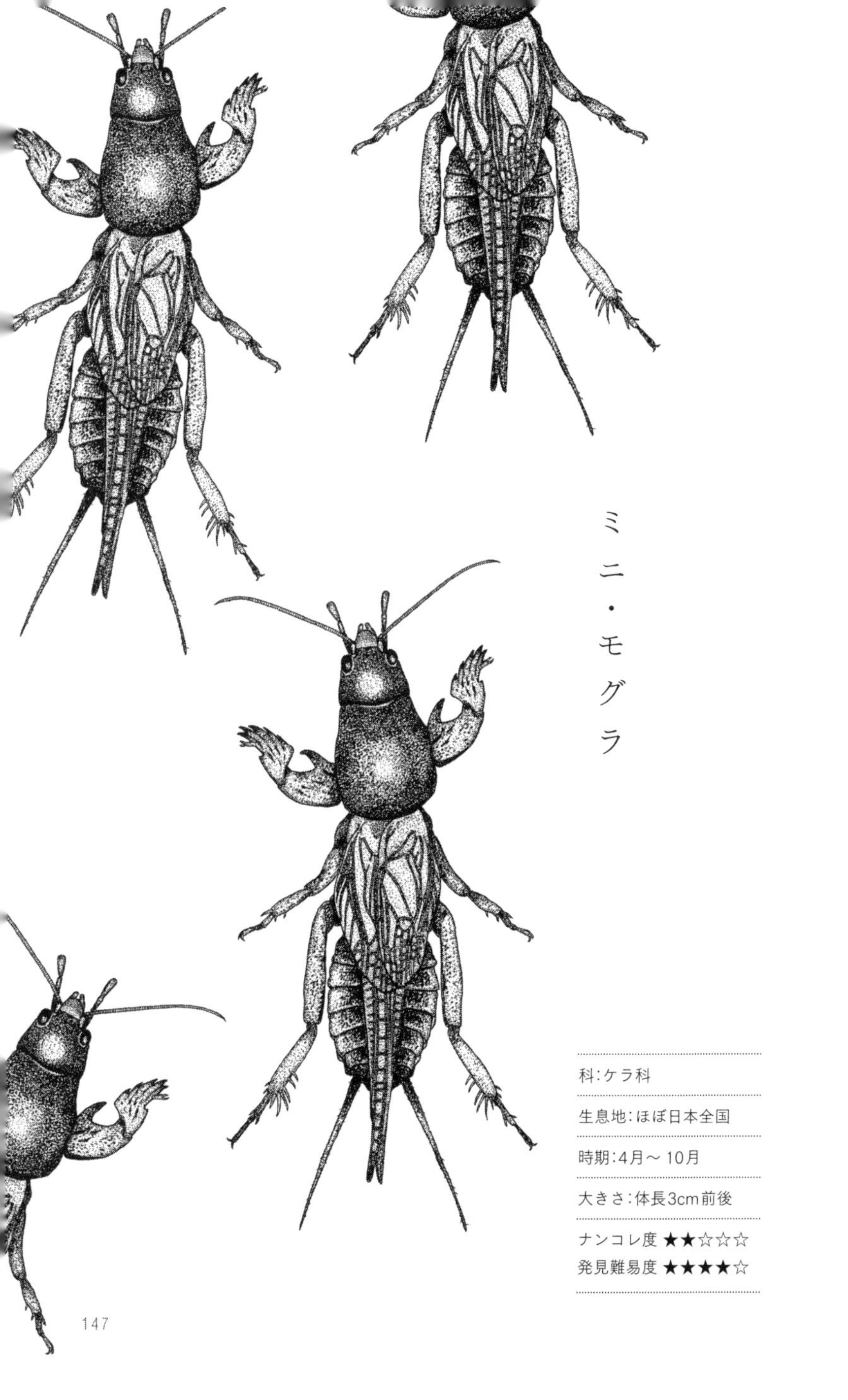

ミニ・モグラ

科：ケラ科

生息地：ほぼ日本全国

時期：4月～10月

大きさ：体長3cm前後

ナンコレ度 ★★☆☆☆
発見難易度 ★★★★☆

チョウトンボ

Rhyothemis fuliginosa

❖見つけやすい場所……水生植物の多い池や沼

自然界には、一般的にわかりにくい名前の生き物がいる。たとえば、カラスバト、ミミズハゼなどがそうだし、きわめつけはトゲナシトゲトゲという名前の昆虫もいる。いったいどちらなのか、混乱する人も多いだろう。

このチョウトンボもそうしたもののひとつだ。チョウなのか、トンボなのか。ただ、チョウならばトンボチョウになるだろうから、よく考えればトンボであることはわかる。おもしろいのは、子どもたちに「チョウトンボがいるよ」というと、「えっ、超トンボ?」と、あの独特のイントネーションで聞き返してくることだ。超トンボ……いったいどのようなトンボなのだろうか。

チョウトンボは四枚のはねのほとんどの部分が光沢(こうたく)のある黒色で、空中をひらひらと飛んでチョウのように見えることなどから名づけられた。青空を背景に、チョウトンボが群れ飛ぶ様子を下から見上げると、空にちらちら動く黒点が広がり、目の具合が悪くなったのかとおもわず目をこすってしまう。

美しいトンボだが真夏のよく晴れた日の、しかも、とくに暑い時間に飛び回ることが多いので、熱中症には十分に気をつけて観察してもらいたい。場所は公園や植物園などの、水生植物の多い池や沼の上や近くでよく見られる。学校のビオトープの小さな池などに飛んでくることもある。

超トンボ?

科:トンボ科

生息地:本州、四国、九州など

時期:6月〜9月

大きさ:体長3.5cm前後

ナンコレ度 ★☆☆☆☆

発見難易度 ★★★★☆

ハリガネムシ

Chordodes japonesis

❖見つけやすい場所……カマキリの仲間の成虫のまわり

ある秋の日、子どもたちを連れてマツボックリ拾いをしていたときのことである。地面にはマツボックリとともに、クロマツやアカマツといった針葉樹の細い葉もたくさん落ちていた。よく見るとそれらの中に、のたうち回るように動く葉があった。子どもたちは、「はっぱが生きている、はっぱが生きている」と大騒ぎとなった。ピンセットでつまみあげてみると、それはハリガネムシであった。

ハリガネムシは名前に「ムシ」という言葉がついているが、昆虫ではない。ハリガネムシ綱（線形虫綱）ハリガネムシ目に属する生き物の総称である。いわゆる寄生虫で、水中に産卵された卵がふ化すると、水とともにその幼虫を飲み込んだ水生昆虫などに寄生する。それらが羽化して陸に上がり、カマキリの仲間などに食べられると、今度はその生き物に寄生し成虫になる。そして、宿主の肛門から脱出し、再び水中に戻り、交尾や産卵をするのだ。ハラビロカマキリなどのおしりからハリガネムシが出てくるのをときおり目撃するが、それはまさに宿主から脱出し、水中を目指す瞬間なのである。ごくまれに人間にも寄生する。

ハリガネムシは、アメリカでは馬を洗う水桶から発見されたためホースヘアワームと呼ばれたり、日本では「ゼンマイ」と呼ぶ地方もあるが、私にはイタリアンレストランで見かける、グラスに立てたカッペリーニのような細いパスタを揚げたものが身もだえているように見えてならない。

科：ハリガネムシ目に属する生き物の総称

生息地：ほぼ日本全国

時期：7月～10月

大きさ：体長10～40cm前後

ナンコレ度 ★★★★★

発見難易度 ★★★★★

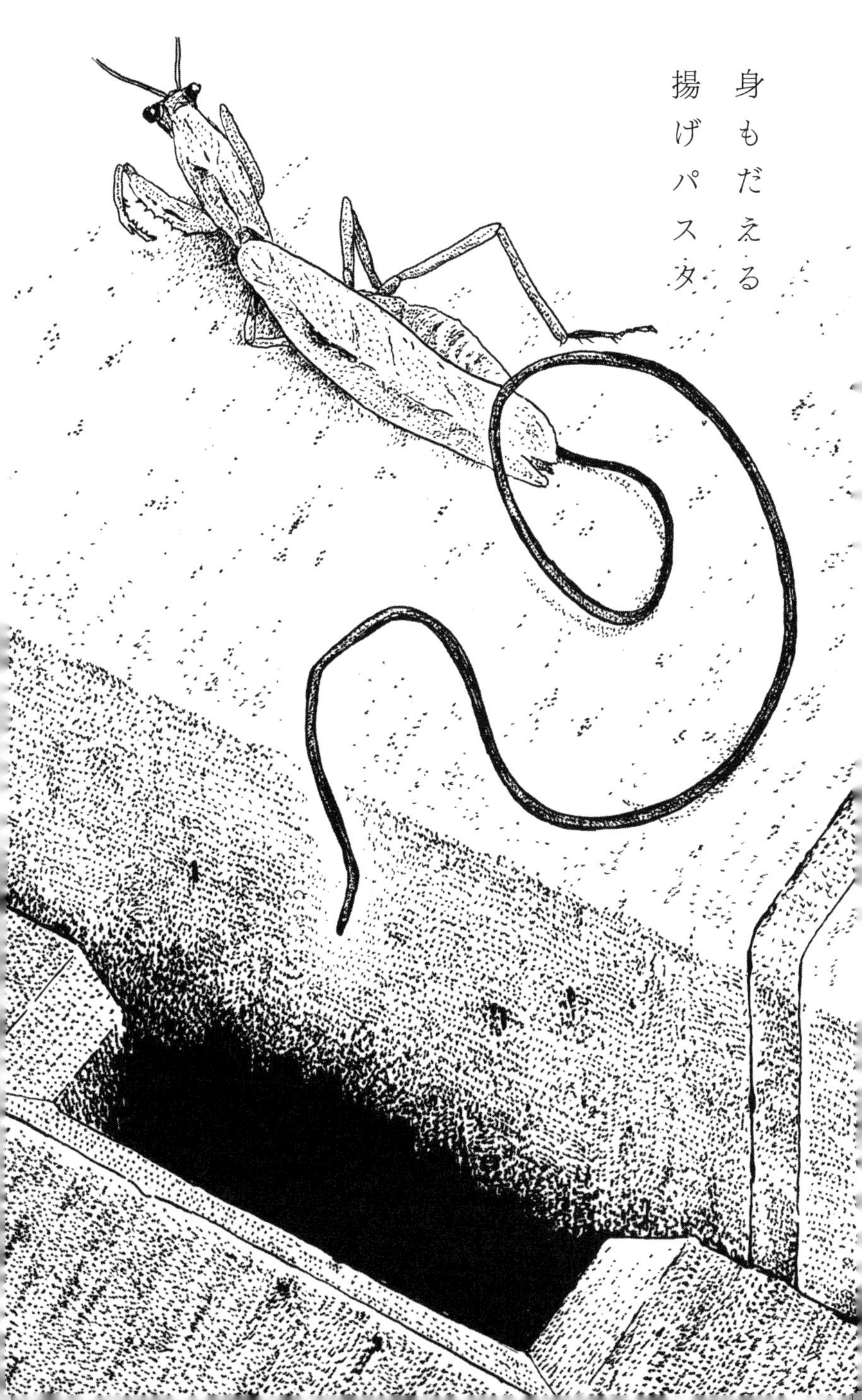
身もだえる
揚げパスタ

生き物の“証拠物件”

ナンコレ フィールドサイン

生き物そのものは見られなくても、生き物が生息している、
または、生息していたあとが見つかることがある。
たとえば、あしあと、食べあと、ふん、抜け殻(がら)などがそうである。
これらをフィールドサインという。
身近な場所でもよく見つかり、また、多くの人が
「なんだこれは?」と感じるものをいくつか紹介したい。

アズマモグラ
の動いたあと

芝生広場などで、まるで皿に盛ったチャーハンのように土が盛り上がっていたら、モグラの仲間の動いたあとである。地中から地上に土を押し上げたもので、「モグラ塚」と呼ばれる。写真はアズマモグラのもの。

ナメクジまたはカタツムリ
の仲間の食べあと

看板の裏側、自動販売機の側面、ガードレールなどに、ハイキングマップに描かれたハイキングコースのような線がついていることがある。これは、ナメクジやカタツムリの仲間が、それらの表面のカビなどを食べ進んだあとである。

ウスバキトンボ
の着地あと

まるで「トンボのスタンプ」。これは、ある幼稚園の屋上の床がまだ塗料が塗り立てのとき、そこを池や沼などの水面と間違えたウスバキトンボが、産卵などのために着地して、あわてて飛び去ったあとである。

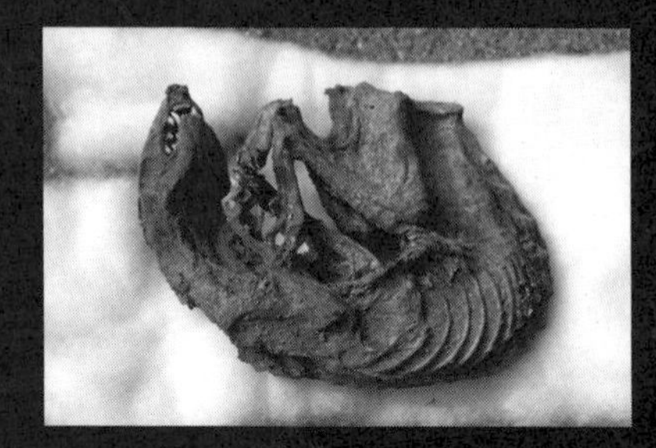

イタチのミイラ

「かっぱのミイラ」ではない。ある民家の床下から見つかったイタチのミイラである。生きたまま、かなり長い間そこに閉じ込められたのかもしれない。かつては、このようなものが妖怪伝説のもととなったのだろう。

タヌキのあしあと

コンクリートの床や階段などには、さまざまな生き物のあしあとがのこっている。町なかやそのまわりで多いものはドバトやノネコなどのものだ。そして忘れてならないのがタヌキである。爪のあとがはっきりついていることが特徴のひとつだ。

タヌキのふん

大きめの寺や神社の境内の片隅に、ノネコのものほどの大きさのふんがまとまっていることある。これはいわゆる「タヌキのためふん」だ。何びきかのタヌキが、ふん場を情報交換の場に使っているのだ。

トウホクノウサギのあしあと

横並びと縦並びの組み合わせの、不思議なあしあと。これはウサギのものである。進行方向（左）の前方側についているのが後ろあし、後方側についているのが前あしだ。ウサギは後ろあしを、前あしの両脇から前に着地させることが多い。写真はトウホクノウサギのもの。

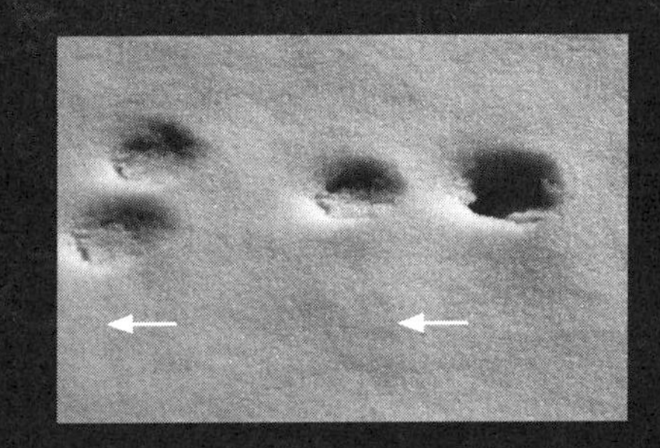

ニイニイゼミの抜け殻

セミの抜け殻は、種類によって形や色が違う。なかでもひときわ異彩を放つのがニイニイゼミの抜け殻である。小さくて、丸くて、土にまみれている。どこかルパン三世の愛車・フィアット500に似ている。

ハシブトガラスの古巣

ある幼稚園に展示されていた、ハシブトガラスの古巣。数えてみると、針金ハンガーがなんと197本も使われていた。まさに「現代アート」である。産座という巣の中心部にはシュロの毛が敷きつめられていた。

ヒヨドリの古巣

ヒヨドリは巣材にビニールヒモをよく使う。そのまま使うこともあれば、くちばしやあしで細かく裂いて使うこともある。写真の巣では、カップうどんの容器ほどの大きさの外枠の半分ぐらいがビニールひもであった。

ウスタビガの繭殻

10月から11月にかけて羽化する、モスラのようなスタイルのガ、ウスタビガの繭殻。美しい緑色は、冬枯れの景色の中でよく目立つ。色といい、大きさといい、形といい、まるで高級な和菓子のようである。

ニホンカナヘビの脱皮がわ

身近な場所でもよく見られるトカゲの仲間、ニホンカナヘビの脱皮がわ。公園の植え込みの石や葉の上などでときおり見つかる。同じような場所で、ヘビの仲間のアオダイショウの脱皮がわが見つかることもある。

ミミズの仲間のふん

芝生の上などをよく見ると、たいがい見つかるフィールドサイン。どこか、担々麺（たんたんめん）にのっているひき肉に似ている。黒っぽくて湿（しめ）っていれば新しいもの、白っぽくて乾（かわ）いていれば古いものだ。

ワカケホンセイインコの羽根

東京などの街なかには、ときおりあざやかな緑色の羽根が落ちている。インド、スリランカなどが原産のワカケホンセイインコのものだ。「キリッ、キリッ」という鳴き声が聞こえたら、きっと近くにいるだろう。

ニホンリスの食べあと

「森のエビフライ」と言われることも多い、ニホンリスがマツボックリを食べたあと。これがいくつも落ちていれば、そのあたりによくニホンリスが来ているはずだ。私はかつてこれを携帯電話のストラップに使っていた。

主な参考文献

西多摩昆虫同好会編『新版 東京都の蝶』けやき出版

奥本大三郎監修『別冊歴史読本特別号 虫の日本史』新人物往来社

矢島稔・宮沢輝夫『チョウの羽はなぜ美しい？』全国農村教育協会

新海栄一『日本のクモ』文一総合出版

新海明著・谷川明男写真『クモの巣図鑑』偕成社

（財）日本野鳥の会愛媛県支部編
『改訂版 愛媛の野鳥　観察ハンドブック　はばたき』愛媛新聞社

野生生物保護行政研究会監修『狩猟読本』（財）大日本猟友会

今原幸光編著『磯の生き物図鑑』トンボ出版

増田修・内山りゅう『日本産淡水貝類図鑑②汽水域を含む全国の淡水貝類』ピーシーズ

青木淳一編著『日本産土壌動物 第二版：分類のための図解検索』東海大学出版部

『昆虫（野外観察図鑑１）』旺文社

『貝と水の生物（野外観察図鑑６）』旺文社

永岡書店編集部『釣った魚が必ずわかるカラー図鑑』永岡書店

今本淳『ウミウシ―不思議ないきもの』二見書房

小野展嗣編著『日本産クモ類』東海大学出版会

青木舜『水生昆虫図譜：東海編』中日出版社

村井貴史・伊藤ふくお著 日本直翅類学会監修『バッタ・コオロギ・キリギリス生態図鑑』
北海道大学出版会

宮武頼夫・加納康嗣『検索入門セミ・バッタ』保育社

千国安之輔『改訂版 写真・日本クモ類大図鑑』偕成社

著者プロフィール

佐々木 洋（ささき ひろし）

1961年東京都出身。プロ・ナチュラリスト。（財）日本自然保護協会自然観察指導員、東京都鳥獣保護員などを経て、現在はフリーランスの立場で、国内外で年間250回以上の観察会講師をつとめる。ユーモアと温かみのある語り口で、自然の不思議さを伝えるのが得意。NHKラジオ第一『ラジオ深夜便』、NHK Eテレ『モリゾー・キッコロ 森へ行こうよ！』などにレギュラー出演。著書『都市動物たちの事件簿』（NTT出版）『ぼくらはみんな 生きている』（講談社）『ぼくはプロ・ナチュラリスト』（旬報社）ほか多数。

ホームページ：http://hiroshisasaki.com

絵

スタジオ大四畳半

某所の一軒家を拠点とし、書籍の企画・編集・執筆などの活動を行っている創作ユニット。著書に『寄生蟲図鑑　ふしぎな世界の住人たち（監修：目黒寄生虫館）』（飛鳥新社）、『マンガ はじめての生物学』（講談社）ほか多数。

ホームページ：http://daiyojyouhan.com

あなたの隣にきっといる　ナンコレ生物図鑑

2015年8月3日　初版第1刷発行

著者　佐々木 洋
絵　スタジオ大四畳半
ブックデザイン　Boogie Design
発行者　木内洋育
編集担当　熊谷 満

発行所　株式会社旬報社
〒112-0015　東京都文京区目白台2-14-13
電話（営業）　03-3943-9911

印刷・製本　シナノ印刷株式会社

ISBN978-4-8451-1413-9